U0925935

知心书

LA PEUR DU FUTUR

被虚构的焦虑

如何与真实的世界产生共鸣

[法]阿兰·布拉克尼耶——著

欧瑜——译

ALAIN BRACONNIER

生活·讀書·新知 三联书店

生活書店 出版有限公司

图书在版编目（CIP）数据

被虚构的焦虑 ：如何与真实的世界产生共鸣 /（法）阿兰·布拉克尼耶著 ；欧瑜译．— 北京 ：生活书店出版有限公司，2022.7

ISBN 978-7-80768-382-7

Ⅰ．①被… Ⅱ．①阿… ②欧… Ⅲ．①焦虑－心理调节－通俗读物 Ⅳ．① B842.6-49

中国版本图书馆 CIP 数据核字 (2022) 第 111717 号

选题策划　阳光博客
责任编辑　程丽仙
特约编辑　牛瑞华　岳白雪
书籍设计　左左工作室
责任印制　孙　明
出版发行　生活書店出版有限公司
　　　　　（北京市东城区美术馆东街22号）
图　　字　01-2020-2338
邮　　编　100010
经　　销　新华书店
印　　刷　北京启航东方印刷有限公司
版　　次　2022年9月北京第1版
　　　　　2022年9月北京第1次印刷
开　　本　880毫米×1230毫米　1/32　印张5.75
字　　数　114千字
印　　数　0,001-6,000册
定　　价　48.00元
（印装查询：010-64052612；邮购查询：010-84010542）

“任何的困境中都藏着某种可能性。”

——阿尔伯特·爱因斯坦 《我的世界观》

目录

引言

人必须有内心的混乱，方能升起一颗舞蹈的星辰。

——

弗里德里希·威廉·尼采

我们可以想象自己的未来吗？

我们可以试着走向未来，而不是害怕或逃避它吗？

战胜影响我们个人生活的威胁是否比我们想象中要容易呢？

我们拥有哪些令人感到希望而不是绝望的社会和心理资源呢？

世界的改变会对我们的行为产生什么影响呢？

如何从今天开始做好面对这些改变的准备呢？

…………

如今，那些来找我做咨询的人不再只是跟我讨论他们的过去或童年，还会讨论他们面对未来的焦虑。因此，心理医生的工作让我每天都能看到不确定性所引发的焦虑。

另外，摆脱常规，对改变敞开心怀，可以激活大脑并减轻我们的压力。我面对的挑战是创造积极的期待，但必须承认，这可不是一件手到擒来的事情。客观地讲，我们每个人都比从前有更多感到焦虑的理由。

有很多人（我并不是唯一这样说的人）都会问自己："如何展望我们未来的生活？这个世界并没有帮助我们去理解它的意义。"这种普遍的感受已经通过一项研究得到证实，这项研究指出："人们宣称平均每天会花15分钟去思考未来。"[1]是太多还是不够？根据每个人提出的问题，这些想法与愉悦、意料中的惊喜相关，但也与恐惧和拒绝相关。

现在，我做的所有咨询都回到了同一个问题上：如何根据我们的年龄、生活、健康状况以及我们与世界的关系状况去思考属于自己的未来？

关于人类心理学的研究描绘出一种新型的轮廓。我在本书中将介绍有助于我们去思考未来的态度和行为，并解释为什么这样做很重要，以及我们每个人应该如何做。

我们从这种新型心理学中获得的、可以用来面对一个不确定的世界的知识有五个步骤，这些步骤每个人都可以去做，所获得的知识将在我们面对未来时成为我们的支撑。这种建立在新型心理学上的支撑，其目的是向你解释如何强化自我，以便更好地面对未来。最好去了解将来可能发生什么，以免陷入恐惧或忧郁中无法自拔。这些支撑每个人都可以使用，它们构成了我们对抗未来焦虑的正向力量。

我们的生活质量取决于我们跟这个世界的关系，关键在于这种关系能否与我们个人的渴望产生共鸣。在世界跟我们“说话”时，我们必须做出回应；在我们跟世界“说话”时，世界必须做出回应。这种“共鸣”[2]会增强我们的行动力，也会增强周围的事物触及自己并改变自己的能力。这就是给予我们良好振动的共鸣。

换句话说，如果我们不去留意这个世界，这个世界也将不会留意我们，我们甚至什么都看不到！问题在于：我们是否能够在不否认现实的前提下，将自己投射到一个让我们和我们的孩子憧憬的未来当中？我们是否拥有比想象中更多的面对未来的必要能力？可以肯定的是，我们会更好地去思考我们明天的生活，尤其是在未来令人担忧的时候。

朱丽叶特是我在写本书时认识的，她来找我是因为她受到两个事情的打击，这两个事情真的让她“代偿失调”。她刚从老板那里得知自己必须离开公司，这是第一个打击。第二个打击来自家庭，学业不顺的女儿让她非常担心。她看不到什么样的教育可以让她平静地思考未来。她在最初的几次咨询中总会说：“我们生活在怎样的世界里啊？”尽管她有勇气，但她觉得生活越来越难。

在咨询的过程中，她讲述了令她不安的个人问题和世界问题。比如，她认为身边越来越多的人担心因为污染、含有农药残留和色素的食品等引发的患癌风险；又如，担心冰山可见的融化、入侵海洋的塑料制品。我能对她说些什么呢？作为一名“非气候怀疑论者”，我本着同理心表示理解她的担忧。我有时也会感到自己受到了这种“未来忧郁”（也称作“预期焦虑”）的侵袭。在我本人特别关注的一个问题上，我提醒她，建造堤坝可以更好地控制海平面的上升；至于塑料制品的问题，我最近读到一篇文章，说一家初创企业发现了一种可以转化塑料制品的方法；我还想到了互助型生态在农业领域的发展。我说：“总有令人愉快的好消息，为什么要屏蔽它们呢？”当时，我不确定是否说服了她，但她半玩笑半嘲讽地跟我说了一句话（我征得她的同意在此转述这句给了本书灵感的话）：“鼓起勇气，让我们去梦想吧！”

正如我们中的很多人，朱丽叶特也在寻找能够了解自己未来的恰当态度。思考未来的能力是人性的礼物。但是，为了思考我们的未来和我们孩子的未来，意识到其中的不确定性似乎越来越有必要。

今天，“无法预知的时代”让我们苦恼。我们担忧世界的未来，害怕将来我们自己无法参与其中。如何才能让天平朝好的一边倾斜呢？这些就是本书想要回答的问题。

今天，我们正前所未有地朝着一个不确定的未来旅行。诚然，我们早已进入新的千年，但这一事实更应该促使我们去想象一个令人渴望的未来，并努力地去把它变为现实吗？或者每个人凭借一定的意愿和方法，发挥自己的能力？本书的目的就是提供一些用来尝试实现这一目标的心理支持。

本书的第一部分旨在阐述日常生活中吸引我们注意、引起我们警惕和担忧的事实，后面两个部分旨在介绍可以帮助我们以一种新的心理状态去思考未来的能力和行为。我会在文中解释为什么这样做很重要，以及为什么我们每一个人都可以这样去做。

维克多·雨果对我们说过：“梦想家啊，我看着白日里的光明。”在面对向我们的存在和现代世界发起挑衅的焦虑时，如何能够保持梦想的力量，尤其是拥有对一个更好的未来的“梦想勇气”？这个问题在今天显得比以往任何时候都更加重要。

注释

1. A. 达尔让博（A.d'Argembeau）、O. 雷诺（O. Renaud）、M. 范·戴尔·林登（M. Van der Linden），《日常生活中未来向思考的频率、特征和功能》（Frequency,characteristics and functions of future-oriented thoughts in daily life），《应用认知心理学》(*Applied Cognitive Psychology*)，2011 年，第 25 期，第 96-103 页。

2. H. 罗萨（H. Rosa）、萨夏·齐勒贝尔法（Sacha Zilberfar），《共鸣》（*Résonance*），巴黎，发现出版社（La Découverte），2018 年。

第一部分

事实与担忧

乌云密布于海之高处，这由热泪之永恒汇聚的海。

——

阿蒂尔·兰波《彩图集》(*Illuminations*)

我们每个人都拥有梦想的能力，尤其是梦想一个更好的未来和渴望实现我们梦想的能力[1]，前提是我们不会受到自己的“神经症”、生活和世界的妨碍，而这个世界往往是噩梦的源头。

未来让每个人都与自己的焦虑、幻想狭路相逢。我们的焦虑会根据所涉领域的不同而变化：数字革命通常会引起自由焦虑和选择被剥夺的焦虑，地球可能面临的危险会引起我们的死亡幻想，超人类主义对我们关于永恒的幻想提出了质疑。有时，虚拟现实压倒了现实，而且增加了对不真实、不确定等的恐惧。

一些人掌握某种工艺或技术知识，而其他人则不掌握，前者会产生一种高高在上的幻觉，后者则会产生一种缺失感和受挫的焦虑，甚至会有个人生活和隐私受到侵犯的感觉。这些不同类型的焦虑让我们痛苦。如果这个世界无法让人找到自己的位置、尊严和新的机会，人类又如何能够活出自我呢？

一些人拒绝倾听“不幸的预言”，并要求看到“人类最好的一面”；另一些人则声称世界将走向灭亡。这两类人的观点针锋相对。如何才能不让焦虑者变得更加焦虑，不让悲观者变得更加悲观，或者不让那些自诩现实主义的人更加尴尬呢?

于我而言，每天都会听到来我这里的病患倾吐他们的某种担忧。很多家长会担忧孩子的未来。据估计，在 2018 年 9 月入学的小学生中，有 65% 的人将会从事某个现在还不存在的职业。但是，家长们依然希望自己的孩子能够拥有人类整体发展所必需的梦想。

数字科技给我们带来了数不清的好处，但同时，我们每天都会看到数字科技对我们生活的平衡、地球的延续，尤其是我们的未来造成的威胁。对于年轻人来说，数字革命是理所当然的。尽管很多人在得知“未来几年，280 万个在职岗位将被人工智能所取代”[2] 的时候感到非常担忧，但还是希望那些即将发生的重大改变不会影响自己的生活。这些合理的焦虑因以下事实而加剧：在我们想象力的深处，厄运让我们着迷，这就好像一种“负面咒语”，它源于我们儿时对童话故事中邪恶人物的迷恋，这种迷恋会促使我们认为自己的命运注定悲惨。我们都听过埃及七灾的故事，还有引发了种种幻想的千年虫。今天，又有人预言：一场新的生态大灾难将在 2030 年或 2050 年到来！

我们应该用一种“非黑即白”的模式来思考吗？也就是说，要么一切皆有可能，要么一切无药可救。答案是否定的。我们更应该这样去想：一切都取决于我们身处重大领域转变时期的能力，不是吗？在很长一段时间里我都认为，尽管这个世界在20世纪下半叶发生改变，但它的“根基”依然如初。作为心理医生，我在接待青少年、青年人、家长的过程中惊讶地发现，每当我问起他们究竟在哪些方面具有相似之处的时候，总能很容易地缓解他们的不安。当然了，每个人的态度和表达方式不尽相同，但他们产生渴望和恐惧情绪的原因却是一样的。比如：男孩害怕女孩，女孩也害怕男孩；爱情的烦恼对于年长的人来说同样具有杀伤力；根据个人的喜好和能力，年轻人也想在职业生涯中取得成功。

我们必须“面对”一种“全球警报”（普遍性警报）[3]，越来越多的人感受到这种“未来的担忧”。人们察觉到的这种危险包括全球化的危险以及各种变化的危险，这些变化让人们丧失了面对全球化的勇气。这可以部分地解释“集体身份退行”的危险。

注释

1. 相较于“计划”和“幻想”，我更愿意用“梦想”来表示应该有意识地和潜意识地优先对待的想象部分。J'utiliserai préférentiellement le mot «rêve» à «projet» et à «fantasme» pour signifier la part d'imaginaire qu'il faut consciemment et préconsciemment privilégier.

2. 《今日法国》（*Aujourd'hui en France*），《巴黎人报》（*Le Parisien*），2018年8月21日。

3. 《解放报》（*Libération*），2018年8月28日。

第一章

过度现代性

面对这些过度，

关于未来的担忧对我们精神的侵入似乎越来越厉害。

“后现代性”这个概念标志着其与现代性基础观念的决裂。换句话说，前者认为世界的合理化将成为人类获得解放的良机。那么，随之而来的问题就是：我们还应该相信进步吗？[1]或许今日更胜往昔，但谁还会对“进步之危险”无动于衷呢？

生活质量，尤其是我们未来的生活质量，取决于我们与这个世界的关系。在《非场所：超现代性人类学入门》[2]一书中，马克·奥热针对20世纪的“现代性”提出了“过度现代性”这个概念，将20世纪末定义为“过度现代性”的时代。他认为自那以后，情况会越来越糟。在21世纪初，“过度现代性”（其他人继续称之为“后现代性”）的特征表现为“三个过度”，我将对这“三个过度”中更为引人注目的部分进行一个概括。面对这些过度，对于未来的担忧愈发侵害我们精神。那么，能够让我们安心的新观念、新知识在哪里呢？

昙花一现的国度

我们这个时代发生了大量社会学家、人类学家和历史学家难以解释的事件。正如国际货币基金组织前首席经济学家奥利弗·布兰查德（Olivier Blanchard）所指出的："不确定性在今天变得普遍……并因媒体的夸大而加剧。"这种事件的过剩迫使我们不停地从一个事件转到另一个事件，从一个新生事物转到另一个新生事物。新通信技术的"独裁"催生出一种全球化的时空。同时，我们的社会也变成一个"当下"的社会，活在当下的新方式获得了压倒性的优势：无助于平静思考的"急迫""即时""立刻"。被当下侵扰是焦虑的根源，而焦虑让人无法好好思考。新的综合征——"短期主义"出现，它影响了政治、经济以及我们的生活节奏和我们与环境的关系"[3]。

触手可及的世界

在马克·奥热看来，我们这个时代专属的"空间过剩"，其特征既体现为迅速、随处出行的可能性，也体现为这个世界在每个家庭中无处不在的影像，人们可以通过电视、报纸等传统媒介或者社交网络这类新媒体获得这些影像。这与全球化引起的担忧不无潜在的联系，这不仅是一种经济上的担忧，还是一种因为在时间和空间中普遍存在的过度信息令人沉湎的担忧。其后果不容忽视：可能导致民粹主义、身份庇护、独裁和自我退行的抬头。

自我的统治

第三个“过度”指的是“参照个体化”，也就是说每个人按照自己的意愿，而不是集体公认的明确定义，对掌握的信息进行阐释[4]。个体化成为一种用来抵御不确定的手段。但是，个体化也有风险，它会滋生损害我们共同利益的“独蜂”：独蜂总会威胁到群蜂的舞蹈。我遇到的很多年轻人会把自己关在房间里，整日整夜待在电脑前，沉迷上网或游戏，不再拥有这个年纪应有的生活。

互联网助长了这种“参照个体化”蔓延，并通过社交网络（Facebook、Instagram、Snapchat）上的“喜欢”或“故事”成为“新的虚荣之镜”[5]。自拍就是典型的例子。

在《社交网络，全盘自我？摆脱他人的目光还是被囚禁其中》一书中，克里斯托弗·阿桑强调了这样一个事实：我们随时都需要在他人的目光中看到自己的反射。这种反射因此体现在组织框架内，我们通过在组织中改变地位来获得进步，并以这种方式改变他人对自己的印象。在互联网的环境中，我们发现自己面临着“去物质化”和“去中介化”：我们不再需要组织来满足自己的存在需求。每个人都可以通过所谓的“个人营销”来提升自己的身份，人人都要求拥有将个人身份转化为品牌的权利。网络社交代替了真实的社交关系，在这些真实的社交关系中，每个人都可以表达自己的感受，并且以直接的方式感知情绪。格式化的交流规则普及开来，这实际上无法让人开诚布公地谈论自己，告知别人自己的疑虑。人们追寻把自我搬到台前，形象的文化优于书写的文化，这令普遍意义上的成年人颇为恼火。“参照个体化”反映出一种看似极端的观点，但这一分析确有可信之处，它指出了社交网络对人类的危害，因此具有让我们成为独蜂的危险，而独蜂会威胁到凭智慧和乐感采蜜的群蜂的舞蹈。

注释

1. 《文学双周刊》（*La Quinzaine littéraire*），2018 年 10 月 1 日至 15 日，第 1201 期。

2. 马克 · 奥热（Marc Augé），《非场所：超现代性人类学入门》（*Non-lieux: Introduction à une anthropologie de la surmodernité*），巴黎，塞伊出版社（Seuil），1992 年。

3. 让 - 路易 · 塞尔旺 - 施莱伯（J.-L. Servan-Schreiber），《太快！为何我们都是短期的囚徒》（*Trop vite! Pourquoi nous sommes tous prisonniers du court terme*），巴黎，阿尔班 · 米歇尔出版社（Albin Michel），2010 年。

4. 参见拉斐尔 · 贝西（Raphaël Bessis）的《对话马克 · 奥热：关于全球化的人类学》（*Dialogue avec Marc Augé: Autour d'une anthropologie de la mondialisation*），巴黎，阿尔马丹出版社（L' Harmattan），2004 年。

5. 克里斯托弗·阿桑（C. Assens），《社交网络，全盘自我？摆脱他人的目光还是被囚禁其中》（*Réseaux sociaux, tous ego ? Libre ou otage du regard des autres*），De Boeck Supérieur，2018年。

第二章

青蛙的预言

有人预言，一个强加于我们的世界将会到来，
它会强加于各个领域，
无论是公共领域还是私人领域，而且我们对此无能为力。

有人预言，一个强加于我们的世界将会到来，它会强加于各个领域，无论是公共领域还是私人领域，而且我们对此无能为力。这些改变影响着我们生活的方方面面，比以往任何时候都显而易见。

灾难将至

我选择“青蛙的预言”作为本章的标题，是参照了一部精彩的动画片及其原著。这个故事讲述的是一群青蛙的预言：一场威胁地球上生命的大洪水将至[1]。水龙卷在地球上倾泻了四十天又四十夜，青蛙们一次次的天气预报不过是白费力气，结果都是不可避免的世界末日。

不幸的是，我们知道很多这类灾难的例子：2004 年的印度洋海啸，近几年袭击了印度尼西亚的海啸，又或者是欧洲日益频繁的水灾。在 2004 年的海啸中，印度洋沿海自然公园里的一些动物躲过了灾难，让人觉得它们拥有预测海啸的能力。受灾地区没有发现大型动物尸体的事实，表明这些动物及时逃离了。这一观察结果让一些人认为，可能是神秘的“第六感”拯救了这些动物。

气候变暖的加剧令人担忧。不断增多的自然灾害向我们发出了关于地球未来的诘问。气温越来越高，大自然苦不堪言，冰川融化，海平面的上升确定无疑。气象学家和气候学家已经证实，到 2050 年，甚至 2030 年，全球变暖将伴随着越来越持久的热浪[2]。这些热浪正在普遍化。2018 年夏天，在平静、休憩和放松的一刻完成这本书的时候，我得知北半球的气温纪录又创新高。热浪造成的后果是悲剧性的，比如魁北克卫生当局宣布高温天气导致至少 70 人死亡。冰盖继续融化，森林面临大量消失的危险，温室气体排放量的纪录不断被刷新。哥本哈根大学、澳大利亚国立大学和德国波茨坦气候影响研究所的科研结果显示，地球可能会变成一个“烤箱”。

如果地球大气层的温度在未来几十年中升高 2℃，那么就可能出现一个导致诸多后果的转折点[3]。专家称，未来几十年内，地球将面临“温度比前工业时代高出 4℃至 5℃、海平面比今天高出 10 米至 60 米的境况”。在本世纪末之前，河流将会泛滥，飓风将席卷沿海地带，珊瑚礁将会消亡。如果“地球－烤箱”变为现实，那么地球上的居住地将变得无法居住。此外，还可能出现多米诺骨牌效应：“温度升高 2℃可能激活重要的转折因素，从而令温度进一步升高，这可能会带来多米诺骨牌效应，引发其他可能导致地球更高温的转折元素。”[4]伦敦经济学院格兰瑟姆气候变化与环境研究院（Grantham Research Institute on Climate Change and the Environment）的联合主任马丁·西格特（Martin Siegert）表示，将2℃的升温确定为极限点是“从未有过的事情”。专家们还担心温度会成倍上升。

我们是否已经遭遇了“青蛙的预言”呢？每天都有令人担忧的新闻，这些新闻让我们对自己的生活和未来产生了疑问。我们在生活方式和焦虑倾向上受到了直接的影响。

技术民主

关于地球未来的问题已经成为一个无法回避的话题。现在，所有的知识，无论是好是坏，都可以被任何年龄、任何社会阶层和任何文化背景的人所获得。对于小孩子来说，他们的问题不再是担心自己的“小村庄”，而是生活在普遍存在的不确定性中，并为地球的未来寻找答案。举一个例子，臭氧层空洞这个问题已经让很多国家开始采取行动。早在1974年，我们就已经把这种臭氧层的“攻击”和氯氟烃（CFC，常见的气雾罐中的化合物）联系了起来。臭氧层空洞的面积在2000年创下纪录，达到了2990万平方公里。但此后有了好消息，空洞在每年的初秋逐渐消失。这是国际上禁止使用含氯氟烃产品的直接效应。

对于那些令人担忧的领域，每个人都会同意应该在全球范围内实施解决办法的提议。毫不夸张地说，“技术民主已经成为人人有责的事务！”[5]

注释

1. 《青蛙的预言》（*La prophétie des grenouilles*），雅克-雷米·吉雷尔德（Jacques-Rémy Girerd）创作的动画片，2003年。影片及原著均采用了《圣经》中的大洪水主题，讲述大洪水中的生存之道。

2. 联合国政府间气候变化专门委员会（IPCC）报告，2018年10月。

3. 《美国科学院院报》（*Proceedings of the National Academy Of Sciences*）发布的报告，2018年8月。

4. 《世界报》（*Le Monde*），2018年8月7日。

5. 伊雷内·勒内奥（I. Régnauld），《进步不止？遭遇“破坏”的民主》（On n'arréte pas le progrès? La démocratie à l'épreuve de la “disruption”），《文学双周刊》，2018年10月1日至15日，第1201期。

第三章

把握分分秒秒

我们与时间的关系发生了改变，

我们甚至还没有完全了解这种改变的幅度。

拉·封丹在1668年创作了著名的寓言《龟兔赛跑》，这则寓言受到《伊索寓言》的启发，后者创作时间可追溯至公元前七世纪，但在此后数个世纪展现出“人类的弱点”。从某种意义上来说，伊索寓言就这种匆忙的生活方式向当时的人们发出了警示。伊索在今天又会怎么写呢？我想，他会与时俱进。我们可以想象一则借鉴大师之作的新寓言：《猎豹、龟和兔赛跑》。

从前，一只旧时代的老乌龟迈着庄重的步伐
它缓慢地加紧前行
一只怀念“六八运动”的兔子
觉得自己还有时间去啃草、蹦跶和玩耍
一只年轻的猎豹，出生时就已习惯
通信的飞速和三维
一眨眼的工夫
落在时代之后的龟和兔已经超了过去

这个故事的寓意是：放慢脚步毫无意义，分分秒秒炽热灼人。

等待无能症

在过去，等待亲人消息的过程因通信手段的缓慢而令人备受煎熬，这种等待可能成为一种真正的限制。人们不愿出门，因为需要投入大量的时间。

今天，我们是“短期而非长期”的囚徒。新的通信方式——互联网、社交网络、手机、平板电脑、计算机，让我们可以实时了解世界其他地方发生的事情。我们每时每刻都会接收到新闻，这些新闻有时会以过快的节奏接踵而至。前一则新闻被遗忘的速度堪比后一则新闻出现的速度。我们对此多有抱怨，却难以控制自己不去接收这些新闻。问题在于，希望尽快获得救助的不是那些得知灾害发生的人，而是那些灾害的直接受害者。

我们与时间的关系发生了改变，我们甚至还没有完全了解这种改变的幅度。或许可以说，所有人都成了彼此的左邻右舍。手机让我们可以随时随地打电话，而电话那头的人无论在哪里都可以立即接听电话。恋爱关系在两分钟内就可以确定和破裂，工作联络不再容忍等待，这显然跟我们的“等待无能”不无关系，我在后文会阐述其对后现代性之“新病症”产生的影响。

无尽的动荡

我们面对的不仅是气候飓风，还有所谓的“永久性飓风”。我们现在感受到的动荡影响着我们日常生活的所有领域。互联网的疯狂、社交网络的危险、人际关系等，让我们不得不重新审视自己生活的各个方面：个人、家庭和社会关系等，尤其是广义上的人际关系。人际关系似乎在逐渐变化。简短和去人性化的消息勉强维持着友情和感情关系。代际关系也在发生变化：成年人面临的挑战不再是允许或禁止孩子拥有某种兴趣爱好，而是允许或禁止孩子使用他们这代人熟练掌握的工具。

互联网的疯狂

互联网成了绕不开的信息来源，有时甚至呈现出独大的势态。我们生活在一个从洛杉矶到符拉迪沃斯托克（海参崴）、从北极到南极的“广泛流通”的世界。网络空间的危险数不胜数，比如网络攻击的日常风险，令人担忧。一份日报发表文章称“新加坡遭遇史无前例的网络攻击”[1]。黑客窃取了150万新加坡居民的医疗资料，其中包括总理李显龙的医疗记录。文章强调，这是新加坡历史上最严重的数据泄露事件，这意味着被视为世界上最安全国家之一的新加坡也会遭遇此类事件。从与我们息息相关的个人隐私泄露，到恶意人肉搜索，互联网上充斥着令人不安的事实。一种意识形态以自由之名支配着世界："透明"的意识形态。而我们是怎样对待每个人都需要的隐私，甚至秘密呢？被指控存在偏见的 Twitter、Google 和 Facebook 或将成为美国司法的准线，这些公司的负责人承认没有及时打击社交网络上的操控行为。

从智人到"网络世代"：社交网络的危险

从智人到"网络世代"[2]的转变，我们面对的未来让人痴迷和恐惧。

在日常的家庭生活中，孩子们很快乐，父母疲于禁止（或至少是限制）孩子玩游戏、网络交友甚至访问黄色网站。越来越多的儿童被卷入网络欺凌，尤其是青少年。网络欺凌的形式多种多样，可能导致抑郁甚至自杀。

相比传统媒体，网络媒体似乎加剧了语言暴力现象。这可不是自称"既蠢又凶"的法国杂志《切腹》（*Hara-Kiri*），人人都能看懂它的幽默。社交网络不仅解锁了人类邪恶的表达、恶意、变态和激进，还解锁了"象征性谋杀：对专家话语的破坏、对政策的贬损、人身攻击或蓄意攻击，甚至还有煽动种族仇恨"[3]。

社交网络的使用已经成为一种根深蒂固的社交规范，几乎没人能够对它发出质疑或是想要发出质疑。人们以这种新方式表面赋予的自由之名，推崇并捍卫这种面向所有人的可及性。在 20 世纪，电报、电话、铁路和汽车代表着出行和交流的自由。在 21 世纪，则是高速列车、无人驾驶汽车、手机、互联网，尤其是能够把我们的身体、观点和图像从地球上的一地传送到另一地的媒体。我们要为这种“自由”付出怎样的代价呢？

关于这些代价，我们将在第四章通过我所说的“后现代性患者”一窥究竟。事实上，正如克里斯托弗·阿桑指出的：“社交网络扮演着这种载体的角色，他人眼中反射的载体和理想化自我形象的载体：传播一种过分有利的自我形象并获得回馈。”[4]

人际关系的倒转

我们中的很多人要么感到力不从心，要么正在寻找新知识和新技能，以便高效使用“现代机器”（电脑、应用程序、通信方式等）。营销部门和线上商业私企都拥有能够远程维护品牌与客户关系的“呼叫中心”。为什么？因为我们或多或少都有点“数码盲”。“数码盲”是“数码－文盲”的简称，它是个新词，它把文盲的概念转移到了信息领域。生活中各个领域信息工具的使用让我们很多人变得手足无措：哪些工具是真正有用的，哪些是没用的？机器控制了我们，我们不再控制机器。

除了这些担忧，倒转的人际关系也成了一个问题。2018年8月，在北京举行的世界机器人大会展示了旨在改变世界的智能机器。这些智能机器中有各种工业自动机器、医疗辅助机器人，后者能够询问病人并识别出150种疾病。我们还能看见会演奏打击乐器的机器乐手、会踢足球的微型机器人、机械运动员，以及电子拳击场，装满各种电子元件的机器人斗士可以在上面打斗，甚至还有在鱼缸里来回游动的机器鱼。

机器人不再只是做家务或执行自动化任务，也开始在各个领域替代人类。有一家企业设计出一种个头和孩子一般高的机器人，可以照看孩子，和他们一起玩耍，还能给幼童上课。这种机器人会说汉语和英语，会教基础的数学课，还会开玩笑并组织游戏。这种名为“iPal”的机器人和一个 5 岁儿童一样大小，通过轮子移动，手臂带有关节，胸前配有一块大触摸屏，眼睛还配备了面部识别技术。这款机器人的一名设计师信心十足地说：“当孩子看到我们的机器人时，立即会把它当成一个朋友，家里的另一个孩子。我们的设计初衷是让这款机器人成为孩子的伙伴。”[5] 这款白色机器人有粉边款和蓝边款可选，它配备的传感器能够听到和看到周围的一切，因此可以让父母远程跟孩子对话或监视孩子。这款机器人的设计者谨慎而低调地指出：“我不认为机器人能够代替父母或老师……但 iPal 可以作为一种补充工具来减轻他们的负担。”

除了陪伴儿童，机器人还可以为棘手的赡养问题提供解决方案。尽管老龄化问题日趋紧迫，但养老院的数量远远不够，而且有些老人喜欢待在自己家里，为此，这家公司推出了一款可以和老年人说话、提醒他们服药，甚至在他们跌倒时联系医院的机器人。

同时，家政陪护工作的未来，说得更广泛些，社工工作的未来，非常令人担忧。因为，想要应对将来社会的挑战，如老年人数量的大幅增加、贫困人口、难民接收等，我们会越来越需要这些工作。

国际机器人联合会（International Federation of Robotics）发布的数据显示，中国是最大的工业机器人市场，2017 年售出 141000 台机器人，比上一年增长了 58.1%，占全球需求量的三分之一。中国的需求可能会每年增长 20%。新松公司（制造了一款可以在狭窄管道内作业的蛇形臂机器人）总裁曲道奎表示："过去，机器人更多地强调性能、可靠性、精度、速度……而今天的机器人则更多地强调柔性、智能和对环境的自主适应性，因此在技术方面机器人有了广泛的拓展。"此外，除了工厂，机器人技术已经在餐馆、银行、物流和医疗领域中得到广泛应用。现在已经有了外科机器人，更准确地说，是高效手术助理。

科大讯飞公司在北京的世界机器人大会上展示的这款机器人，成功考取国际执业医师资格。科大讯飞董事长刘庆峰表示："这款机器人从 3 月开始投放医院使用，帮助诊断了大约 4000 个病例。"他计划"把人工智能带给边远地区的医生"。科大讯飞还测试了一款旨在帮助法官自动确定判决的司法机器人。而复星集团的中国子公司——上海复星医药，则推出了美国设计的"达芬奇"外科手术机器人。这款在手术室中使用的机器人配备了高清摄像头和可以多位置调换的手术刀。"它超越了目力的极限，"复星医药副总裁刘毅肯定地说，接着，他又语气稍缓地补充，"它只是医生的助手，不能代替医生。这是有违伦理的，人体太过复杂。”听了这话，我们对人类在这个世界里所拥有的权力和地位的担心也可以减轻了。

科幻小说家艾萨克·阿西莫夫（Isaac Asimov）在他的短篇小说中已经描述过人类对机器人的情结和内心的恐惧，恐惧这些像我们一样的东西比我们更好、超越我们，甚至有一天可能统治我们。这位伟大而富有远见的作家制定了作为保障的机器人三定律：

- 机器人不得伤害人类，或坐视人类受到伤害；
- 除非违背第一定律，否则机器人必须服从人类的命令；
- 除非违背第一及第二定律，否则机器人必须保护自己。

这三条让人觉得机器人绝不会伤害到我们的定律并不能让人百分之百地信服！我们在面对如今的现实时真的能够安枕无忧吗？

各个层面的人工智能

人工智能和算法越来越多地介入我们社会的各个层面。比如在医疗领域，同样是在中国研发的 BioMind 天医智人工智能系统对脑肿瘤的诊断率达到了无与伦比的准确度。这套系统的诊断正确率达到 87%，而由 15 位神经学专家组成的团队的诊断正确率只有 66%。在脑出血血肿扩大的预测上，人工智能也拥有更高的准确性（83% 比 63%）。

在司法界也可以看到人工智能的身影。极客法律人何时出现？自动预判法庭的假说对未来的司法界提出了挑战。行政部门和企业也须快步跟上，这不仅是为了更好地管理互联网的使用，也是为了更高效地运转。银行业正在发生巨变，银行把算法用于客户管理和市场预测。不过，各个领域最好只把人工智能运用在自己的本行上，美国高盛集团的一次有趣经历就说明了这一点。这家投资银行的统计人员曾使用人工智能技术去预测世界杯的比赛结果，但后来被证明完全错误。

很多人认为，人工智能是未来技术的重大转折。如果真是这样，我们不禁会问，它会给人类造成怎样的影响。我们不该忘记，人工智能依赖于数据：没有数据，就没有人工智能。“目前，机器仍然依赖于数据，而数据又依赖于生成它的人。最近震动五大科技巨头（GAFAM）[6] 的丑闻表明，保持用户的信任是这种新型信息经济的核心。”[7] 我们无法阻止有关人工智能的研究和应用程序的开发，但究竟要发展到何种程度，这是问题所在。据说，五角大楼已经在人工智能上投入了 20 亿美元。美国国防部高级研究计划局（DARPA）主管史蒂文·沃克（Steven Walker）在一次新闻发布会上解释说，这些投资旨在“把计算机从专业工具转变为解决问题的伙伴”。

我们想研究如何让机器能够获得接近人类的交流方式和推理能力，从而使机器能够识别变化的情况或环境，并进行适应。但这项研究主要是针对战斗环境中的应用技术，比如自主性可能越来越强的无人机；又如“黑杰克”计划，这是一种地球低轨道小型卫星群，这些卫星可以相互通信，并具有在世界任何地方为军事行动提供持续覆盖的能力。沃克补充说：“我们将通过这项计划，研究如何帮助卫星之间通信并发展出一种群体行为。”

我提出这些不同的问题不是为了让那些忧心忡忡的人愈发担忧，而是为了证明这些信息与我们每个人都密切相关。我们最好对这些信息和其他信息有所了解，以便能够客观对待或理解引发我们担忧的原因，并就了解这些信息复杂性的方式进行探讨。当然，这是一种评估这些信息对我们未来生活产生影响的方法。下一章，我们将进一步讨论造成这些担忧的原因。

注释

1. 《巴黎人报》，2018 年 7 月 20 日。

2. 维姆·文（W. Veen）、本·伍拉金（B. Vrakking），《网络世代：成长在数字时代》（*Homo Zappiens：Growing Up in a Digital Age*），伦敦，网络持续教育出版社（Network Continuum Education），2006 年。

3. 弗朗索瓦·若赛（F. Jost），《数字时代行动中的恶意》（*La Méchanceté en actes à l'ère numérique*），巴黎，法国国家科学研究中心出版社（CNRS Éditions），2018 年。

4. 克里斯托弗·阿桑，《社交网络，全盘自我？摆脱他人的目光还是被囚禁其中》，同前引书。

5. 黄庭宇，南京阿凡达机器人科技有限公司（AvatarMind Robot Technology）联合创始人，公司创立于 2014 年。

6. 指美国五家科技公司：谷歌（Google）、亚马逊（Amazon）、脸书（Facebook）、苹果（Apple）和微软（Microsoft）。——译者注

7. 弗朗索瓦·贝阿莱勒（F. Béharel），《面对人工智能的雇主：信任关系的建立》（Le recruteur face à l'intelligence artificielle: une relation de confiance à bâtir），《论坛报》（*La Tribune*），2018 年 7 月。

第四章

未来忧郁症

全球有数亿人罹患抑郁症，而且患病人数在未来几年将持续增长。

同时，存在一种新型病患，可称之为“后现代性患者”。

很多人说“我落伍了”“我好累”。如果这不算是一种对未来的疑虑的话，那就是一种面对未来的局促感和一种正侵蚀着越来越多人的无力感。

一种新的忧郁症

据世界卫生组织估计，全球约有 3.5 亿人罹患抑郁症，而且患病人数在未来几年将持续增长。[1] 不是每个人都会感染这种“瘟疫”，但我们中的很多人都会受到所谓“未来忧郁症”的冲击。

忧郁症指的是情绪上的忧郁，其病因与个体经历的事件有关，这些事件引发悔恨、愤怒、负罪感，有时还有羞耻感。忧郁症与对存在的悲观看法有关。这种悲观主义建立在我们认为无法掌控的事物上。在本书第一部分的开头，我简要介绍了最常被提及的当前和未来的问题，从社交网络的疯狂到“数字民主”不受控制，还有在家庭生活、夫妻生活、职业生活和更为普遍的人际关系中令人焦虑的不确定性，很多例子都可以证实这种“未来忧郁症”的存在。

我们要敲响警钟

每个人都可能根据不同的生活境况，表现得乐观或者是悲观，但没有人可以否认我们在前文中提到的事实。这一切令人担忧。在当下世界和个体的担忧之间存在一种不可否认的联系。可以肯定的是，未来几十年将发生迅速而深刻的变化。科学每天都会带给我们惊人的发现。昨日的“机械降神”（Deus ex machina）可能会变成“机械神”（machina Deus），一个降服我们而非为我们服务的真神。如果说科学是美妙发现的源头，那么美好承诺的背后也隐藏着阴暗的一面：在一个将教育水平和能力纳入标准的世界里，弱势群体面临着越来越大的困难；优生学的幻想将不再被排除在外；对机器的沉迷和顺从将自然而然地增加，更不用说某些人预言的人类灭亡的风险。

“预见无能”：七幅图景

世界发生了令人难以置信的变化。新的生活方式、获得新知识的希望、医学和科学的不断进步、全新形式的手工和艺术创造等令一切成为可能，甚至包括一些疯狂的计划。但是，我们这个“无法预知的时代”也让人痛苦，要么是害怕无力应对，要么是害怕无法参与其中。面对这个充满不确定性的世界，我们如何才能安然自处，并且分辨出事物中好的一面？每个人都会多少有些不确定感，这些不确定感主要牵涉七大主题，而这些主题通常是引起争端而非讨论的原因。辩论艺术的丧失既是因为个人利益，也是因为这些主题引发的焦虑。这就引出了公民参与这场讨论的问题。我曾跟一位同事讨论过人在将来要面对的问题，他跟我说：“就算会担心，我也不再真正了解地球面临的风险有哪些，尤其不了解气候变暖。”可是，当对未来的不确定感占据主导时会发生什么呢？很多人会问：“我们会变成什么样子，我们会处在完全的不确定性当中吗？”尽管我们想去适应，但改变发生得越来越快、越来越多。重要的不是我们在承受什么，而是我们能够承受什么？

专家们在很多领域中相互矛盾的立场，在很大程度上促成了我们的预见无能。我将描绘七幅图景，包括最个人化的主题和最普遍的主题。

1. 新技术对我们日常生活的好处和危害

越来越多的应用程序正在进入互联网，我们要认识到，其中一些应用程序是很有用的。“反浪费”成了智能手机中的座上宾。手机应用程序可以帮助人们对抗食物浪费，比如诞生于2016年的Too Good To Go。这款应用可以通过提供质优价廉产品的注册商家名单来避免浪费食物，也能达到省钱的目的。

我们在居家管理和住家生活方式中可以享受家用机器人带来的好处，但机器人是否具有通过给我们提供服务和安全侵入我们日常生活的风险呢？还有已经受到谴责的信息盗用风险？

2. 新技术对我们隐私的好处和危害

如何利用谷歌为我们日常生活提供便利（信息、知识、看到地球上任何地方的可能性、出行定位等），而又不受到监视呢？智能手机用户即使关闭地理定位选项（无论是安卓还是苹果），谷歌依然会记下我们的出行轨迹。这是普林斯顿大学研究人员应美联社的要求获得的发现。美联社在一项研究中发现，要防止谷歌记录这些数据，就必须关闭“网络及应用活动”选项。否则，这个选项将被默认为开启。此外，在知道这一点的前提下不要去过多怀疑这种方法的有效性。

3. 新技术与医疗和公共健康的未来

毋庸置疑，医疗的新技术和新发现推动了预防和治疗疾病领域的真正进步。同时，我们有必要对医患关系保持高度关注。从另一个层面上来说，需要医生的患者（他们期待能够从医生那里得到答案和安抚）在面对电脑屏幕时如何才能感到自在？开始进入我们视野的远程医疗的最大优点就在于，无论患者身在何处都可以接受治疗，但这项技术也有缺陷，那就是彻底改变了会对治疗结果产生影响的医患关系。

我们也不应忘记，新技术可以为身体残障和智力残障人士提供服务。法国阿兹布鲁克白蝴蝶（Les Papillons blancs d’Hazebrouck）协会主持了一项为期三年的计划——“Domo”（Decide on my own，由我做主），该计划旨在为法国北部－加来海峡大区（Nord-Pas-de-Calais）的12万名智障人士提供便捷的日常生活服务。同样，免费应用程序Seeing AI能够读取和解读视障人士文本。

4. 面向儿童教育的新技术

家长和老师如何适应未来十年将出现的教学方法、评估方式和课程？儿童和青少年是否仍然需要上学，还是所有的教学都可以在网上进行？平板电脑是否会取代黑板？最高端的课程是否将只能通过慕课（MOOC）[2]获得？很多在线培训的好处是免费，缺点则是人与人之间不再是面对面的距离，以及师生关系的消失。知识传播方式将发生翻天覆地的变化。

5. 为不断增长的全球人口提供食物

如何满足到2050年数量将达96亿的地球居民的需求？很多事实表明，对粮食资源造成严重影响的各类自然灾害（沙漠化、植物病害等），与提高粮食产量的技术进步和作物新品种的发现一直在你追我赶。以小麦为例，小麦养活了世界三分之一以上的人口，但在干燥炎热的气候条件下，小麦难以存活，已知的气候变化将会让这种状况恶化。专家们认为，世界需要能以更少的水分在更温暖的环境中生长并能更好地抵御病害的小麦品种，而完成对小麦全部基因的测序将能解决这个问题。科学家们宣布完成了对普通小麦全部基因的测序，这种小麦可能有助于养活未来几十年中不断增长的世界人口。这一发现预计可使小麦的产量每年增长 1.6%，但是，没人能够预测事态将如何发展。

6. 全球经济未来中的新技术

数字转型、人工智能和机器人在全球经济的未来中将扮演怎样的角色？苹果公司的市值能够达到 1 万亿美元，靠的是旗下非凡的发明家和他们的后继者，尤其是在我们日常生活和企业的数字转型中发挥的作用。

经济学家罗伯特 · 詹姆斯 · 戈登在 2016 年出版了畅销书《美国增长的起落》[3]，时年 76 岁的他自称是悲观主义者。他认为，美国可能陷入经济衰退的泥潭，这在很大程度上是因为未来的发明不可能像 1870 年至 1970 年这一“特殊世纪”中的发明那样，具有革命性。他坚称，电力、内燃发动机和管道系统，以一种不大可能被复制的方式，显著改善了人们的生活。自那以后，大多数的进步都只是在循序渐进而非改头换面。戈登表示：“我们从马匹和帆船的速度发展到了波音 707 的速度，但此后，我们没有变得更快。”

另一方面，时年 51 岁的安德鲁 · 麦克菲和 56 岁的埃里克 · 布林约尔松在 2017 年出版的《机器、平台、大众》中则要乐观得多。[4] 这两位经济学家为我们描绘出机器与人脑之间的新式合作，尽管他们认为算法永远不会取代人际关系。根据生产力数据显示的结果，他们认为1990年代中期生产力的提高要归功于电脑和数字技术。因此，对于所有非经济学家的人来说，想象未来的样子和技术进步将在其中扮演何种角色是非常困难的。席里尔·迪翁，“蜂鸟运动”（Mouvement Colibris）的联合创始人和《当代抵抗运动小手册》[5]的作者，提醒我们“干革命的不是国王”，而“从今往后，应该由我们来打头阵，让生态和尊重人类的清风吹拂起来，只有这样，政党、企业和法律才会跟进”。

7. 气候警报

我们都知道经常提醒局势恶化的专家们和反对派，“气候变化怀疑论者”之间的龃龉。如何区分宣告抗击气候变化之战已经失败的人和认为局势依然在掌控之中的人呢？联合国政府间气候变化专门委员会于2018年10月发布的报告给出了两种解释。[6]通过法国储蓄银行旗下媒体Novethic负责人安娜－卡特琳娜·于松－特拉沃尔（Anne-Catherine Husson-Traore）的观点，我们可以对专家之争引发的不确定性有所了解。她就2018年因夏季酷热引发的焦虑发表了看法。当时，美国加利福尼亚州、葡萄牙和瑞典的预警信号纷纷响起，规模空前的大火让所有警报都达到了红色级别。人们对加利福尼亚州2018年夏季和秋季的遭遇深感震惊。那是加州历史上最大的一场火灾，为了对抗大火，加州林业与消防局不得不动用了波音747超级灭火机，这种飞机可以在6秒钟内投放超过72000升的水（因而成为世界上最大的水弹轰炸机）。加州的年轻研究人员最近研发出一种传感器,这种传感器可以通过算法对湿度、风速和风向进行评估,以此来预防火灾。安娜－卡特琳娜·于松－特拉沃尔指出,虽然科学家们一直在不断发出警告，但他们的声音并没有引起政治和经济决策层的足够关注。联合国政府间气候变化专门委员会副主席让－帕斯卡尔·范·伊佩舍勒在接受提问时说：“我知道自己重复说同样的事情已经说了几乎四十年。看到行动力较之气候的变化如此之弱,让人感到气馁。”那“为什么面对应该成为一种全球总动员的意见时，人们会如此漠不关心呢？”安娜－卡特琳娜·于松－特拉沃尔提出了疑问。

我们再说说农业领域的不确定性。比如，年日照时长在逐年增加，当年无法对下一年做出预测，那么葡萄种植户该如何适应这种情况呢？据称，二十年内，瑟堡和敦刻尔克将能大量种植葡萄，巴黎地区将能种植薰衣草。这是真的，还是未来学家的幻想？

我自己就曾收到过一则朋友通过电子邮件发来的消息。我信任这位朋友，但我（对大多数人来说也是一样）能否相信他转发给我的消息呢？这封电子邮件的内容是PSA标致雪铁龙集团总裁唐唯实（Carlos Tavares）说的一番话：“这个世界很疯狂。当局让我们朝着电动汽车的技术方向发展，这是一个重大的拐点。我不希望三十年后人们看到一些并非表面上那么漂亮的事情，比如电池的回收、地球上稀有材料的使用、电池充电时产生的电磁排放等。我们将如何生产更多的清洁电能？如何才能让电动汽车电池生产和回收的碳足迹不会成为生态灾难？如何保证能够持续找到足够用来生产这些电池的元件和化学成分的稀有原材料？有谁从全局角度出发去处理清洁出行的问题？又有谁从社会的角度出发，以足够全面的方式去看待这些参数？作为公民，我深感担忧，因为作为汽车制造商，我的声音没人听到。所有这些躁动不安，所有这些混乱不堪，都将朝着对我们不利的方向发展，因为我们在情绪的影响下会做出错误的决定。”这番话得到了法国核能观察站负责人斯特凡·罗姆的证实，他解释说：“电动汽车的寿命周期，使其具有和燃料汽车相当的污染度。补贴电动汽车的生产没有任何意义。电池生产会排放出大量的二氧化碳，以至于电动汽车需要行驶 5 万到 10 万公里，其二氧化碳排放量才会开始少于燃料汽车的排放量。这就相当于每天跑 15 至 30 公里，每年跑满 365 天，连跑十年！”这个例子很好地说明了目前去芜存菁的困难。虚假消息让我们变得疑心重重。如果记者本人都很难确认信息的来源，那么普通公民又如何能够确认每一条转发信息的来源呢？

我最近看到一些大型能源公司的讲话稿和广告，他们都鼓吹自己对改善地球面貌做出了努力。我们对此应该怎么看？必须要说的是，目前基于化石燃料模式的主要政治和经济受益方发布的信息中掺杂了经济利益和就业保护，目的是为了自我保护。另外两个例子是美国取消某些环境法规和巴西对抗农药的大规模销售许可。

所有这些问题，还有很多其他问题，让我们作为个体遭遇了这种不确定感和失去控制的感觉，而不确定感和失控感正是人类焦虑的特征。思考未来是一件正常而普遍的事情。但是，当这种不确定感变得无处不在并经常被“提起”的时候，问题就变得敏感起来。过多的焦虑会催生出不堪重负和精疲力尽的感觉。

“无力感”之五灾：“我再也无法继续了！”

无力感源自无法找到足够令人安心的答案的担忧，也可能是因为无法承受世界强加给我们的责任和限制，这种无力感可能导致心理痛苦。一位老太太曾对我说：“所有这些我无法控制的改变让我手足无措。”那些不知道该和孩子说些什么的家长倾诉道：“我感觉自己再也无法控制任何事情，我不知道自己的孩子会变成什么样子。”一位被迫改变工作方式并因无法再用以前的方式拍摄艺术照片而深感难过的摄影师对我说：“我已经厌倦了对抗这个似乎变得越来越疯狂的世界。”

当这种无力感变得持久且普遍时，就会显露出不可逆性，甚至还会因为面对正在发生的变化感到挫败而加剧。造成这种感觉的原因有很多，但不同形式的无力感是所有原因的共同点。

无力感的不同表现形式

我们在面对这个世界的发展态势和生态危险时可能会有无力感。举个例子：让跟我说他打算离开巴黎，理由是污染。他坚信污染只会随着时间的推移越来越严重。他希望自己的孩子（长子来年就要升入中学）能够享受首都提供的教育便利。他感到自己陷入了困境，无力做出决定。他知道自己无法做任何事情来改善光影之城，改善这座他出生的城市的空气质量，但他对自己说："无论从哪种意义上来说，我在这里都再也无法呼吸了。"他想和妻子一起到雷岛生活，他的父母退休后就住在那里。他不确定父母是否一直都会待在雷岛，因为他们担心海平面不断升高带来的风险，还有世界各地让人担忧的风暴、飓风和海啸。面对所有这些危险，让感到有心无力。他能做些什么呢？"什么也做不了。"他跟我说。除了这些促使他找我做咨询的家庭问题之外，还有这种设想一种平静未来的无力感。

当面对朴素、慷慨、责任感等人类价值观濒临崩塌时，也会有无力感。用乔治·奥威尔（George Orwell）的话来说，这些是"共同的体面"（common decency）。在很多人看来，乔治·奥威尔早就预见到我们目前看到的这些异变。在预见未来世界的《1984》一书中，乔治·奥威尔发出了反对"对个人的技术监视"的警告，并称"电视屏幕"既是休闲工具，也是一些人用来监视另一些人的工具。他警告我们，人类将不得不屈服于世界的机械化，而我们将无法对其加以限制。

再有就是某些科学发现导致的无力感，因为我们不知道这些科学发现会把人类带向何方。说到这里，我们会想到人类遗传学的进步，无论这些进步在诊断和治疗某些疾病时会给我们带来怎样的好处。

在面对一个申述甚至话语日渐稀少的世界时，人们或许不太会想到这种无力感。于是，我们就会想要知道，如何才能维持一种平静的家庭生活，如何让讨论、商议、阅读、艺术欣赏在这种生活中获得一席之地。

从无力感到二元思维

无论出于什么原因，这种无力感的根源都在于对未来世界的危险采取了一刀切的态度。这是一种被称为“全有或全无”的运转机制。在我们面对焦虑或愤怒时，这种运转机制就会以一种几乎自发的方式启动。我们在后文中会看到，这种机制在形成体系时会成为某种人格类型的特征。那就是边缘型人格，这种人格在当今世界变得越来越常见。从更广义的角度来看，我们很难忽视一个问题：只要没有找到一种解决问题的有效方法，我们就会生出获得某种答案的渴望，即便答案是扭曲的。但“全有或全无”的运转机制无法解决任何问题。儿童在思考和做出反应时多会仰赖这种机制，青少年则更甚。这种思考模式将陪伴我们一生，并不断地引诱我们。以这种方式思考要比深思熟虑、识别差异或做出让步容易得多。比如，有些人倾向于认为我们迟早会被机器取代，另一些人的想法则完全相反。

研究员洛朗斯·德维利耶[7]特别关注了以下这个问题：机器将来是否可以借助人工智能捕捉到我们的情绪？她的回答很明确："机器距离能够捕捉我们情感的目标还有数光年之遥……"我们听到过各种千奇百怪的说法，比如"机器能够读懂情绪"。而洛朗斯·德维利耶指出："机器一点都不懂情绪。它们可以根据在学习过程中给出的示例，通过表情信号探测到某些情绪的显著特征，但这些示例不一定与特定对象的情绪相符。"她的解释基于现实生活中每个人不同情绪混合的复杂性，包括"微妙"的情绪，还有其他我们不愿示人的情绪。

再举一个跟互联网和社交网络有关的例子。对于很多人来说，互联网和社交网络是难以置信的交流和信息来源；对于另一些人来说，让我们成为消息灵通人士的是媒体。这种想法基于一个现实：这些因为可以用来管理银行账户、天气预报或人工智能而备受推崇的著名社交网络，同时也是虚假新闻和经济危机的发源地。

三种放弃："我有心无力！"

面对这些不确定感和无力感，我们很可能会陷入三种痛苦深渊中，而之后出现的三种形式的"放弃"，是我们应该尝试去克服的。

第一种放弃是拒绝承认人类在过去一直都成功地应对了

众多可能毁灭地球的挑战。核武器的挑战引发了人们对大部分人口消失或新的世界大战爆发的恐惧。另一个例子是传染病。传染病早在远古时期就已经袭击过人类，直到今天依然如此。所有这些传染病都或快或慢地得到了控制，甚至被终结。

第二种放弃是放弃我们的习惯和面对世界变化时适应的需要。改变观点、意识形态、信仰等并非易事，乐观主义者会看到当前这个世界拥有的所有潜力，悲观主义者则会看到这个世界的未来风险。我们需要感到自己处在一种连续性当中。选择是懂得放弃替代方案中的某一个面，同时，焦虑与一切不情愿的分离甚或所有形式的哀悼相关。但我们也知道，克服这些困难时刻的唯一办法就是适应当下的生活。

第三种放弃是放弃抗争。维克多·雨果说："活着的人，是那些抗争的人；他们的灵魂和战线坚不可摧……其他的人，我为之感到惋惜。因为他们沉醉于茫然的苦闷，因为最沉重的负担是存在而不去生活。"我们就以眼下人们谈论不休的算法问题引起的有心无力感为例。实际上，算法不过是一系列疑问、决定和行动。在必须解决一个或简单或复杂的问题时，我们每个人都会以算法的方式运转。在另一个层面上，很多年轻人都要求找到友情之路[8]和共享、可持续和公平的增长之路。同理，为什么不去追随青春的梦想而放弃所有可能的解决办法呢？

“后现代性患者”

一些人提出了这样的观点：存在一种新型病患，可称之为“后现代性患者”[9]。鉴于普遍用来定义后现代性的负面特征（彻底改变我们习惯的加速变化、不确定的全新参照、疯狂的个人主义发展），人们越来越关注引起这种特殊焦虑的原因和对后现代性患者的需求做出的回应。这些患者对获得帮助或支持的需求，在很大程度上与我们之前提到的不堪重负、混乱不堪、无力或放弃的感觉有关。这些人在精神状态上受到的影响在咨询过程中清晰地体现出来。[10]

在这里，我将划分出在工作实践中碰到的三种情况：病理较之过去更为广泛地出现；焦虑和抑郁问题不断增加；对帮助和治疗的需求发生了改变。

新的病理

后现代性患者生活在一种使易感性具有促进、触发或加重作用的环境中，而这种易感性换一种环境则不会加剧。

加速病理[11]

工作使我要经常面对所谓的“加速病理”，尤其是一些人痛苦不堪的病态性过度活跃和缺乏耐性。这些障碍症涉及各个年龄阶段的人，病症已经达到了一种前所未有的规模。

这些病理中最为引人注目的是过度活跃行为，这种行为正在成为越来越多的儿童、青少年乃至成人接受咨询和治疗的原因。过度活跃行为可能导致一种真正的障碍症，其准确的名称是“注意缺陷多动障碍”（ADHD）。总有一些儿童或成人要比其他儿童或成人更活跃或躁动，他们很难保持注意力集中。但我们面对的是一种名副其实的流行病，它影响到很多家庭、学龄儿童甚至职业人士。

如何解释这种病理的规模？对于出现这种病理的人来说，引发或延续这种不适的因素之一，似乎无可争议且合乎逻辑地指向我们所生活的这个世界。在幼儿大脑中检测到的注意缺陷多动障碍症状，可能与屏幕和社交网络的使用有关。一项针对经常使用社交网络的青少年的研究显示，与使用频率低得多的青少年相比，经常使用的青少年罹患注意缺陷多动障碍的风险要更高。在对这些青少年进行研究的最后两年，研究者发现数字媒体的较高使用频率与注意缺陷多动障碍的后续症状之间，存在一种在统计数字上不明显但却意味深远的联系[12]。

另一种加速病理表现为随时都感到“匆匆忙忙”，无法等太久，以及越来越强烈的不耐烦。很多人都对此抱怨不休，只需看看地铁里的人们，或是欧洲首都城市中某些街区的热闹喧嚣，如离我们较近的巴黎拉德芳斯区。你可能听到过身边的某位朋友说想要离开巴黎或是另一个大城市，去寻找一个更加安静的生活之地。你可能在校门口碰到过某位跑着去接孩子，因为下班后堵车晚到学校五分钟而气喘吁吁的母亲。你难道不曾听到过某位职员、工人、手工艺人或高级管理人员抱怨自己“没有停歇”的生活？急迫、立刻、即时已经成为过快生活节奏的主要特征，在这样一种节奏中，所有的一切都被拴在一条线上并叠加在一起，其后果就是无法忍受等待下一个时刻。[13] 缺乏耐性成了一种生活方式。

这些新的病理会造成过度压力，我们都知道过度压力对身体健康的影响，尤其是对血压和心脏，当然还有对心理健康的影响，过度压力会加剧焦虑并导致我稍后会描述的一种痛苦感觉，即“抑郁威胁”。

数字工具上瘾

20 世纪下半叶，我们经历了青少年和成年人吸毒成瘾行为的急剧上升。这些青少年的成瘾行为是为了在玩过头的聚会上追求兴奋感和力量感，而在某些需要快速做出商务或金融决策的行业中，使用毒品的理由则是保持业务能力。

如今，我们开始关注导致屏幕、社交网络、网络游戏和手机成瘾的更加广为人知的风险。[14] 这些设备成了青少年和老年人的“公仔”（睡前需要的过渡性客体）。另一方面，很多专家对这种风险提出了警告，但这种现象不消反长。游戏成瘾现在是一种列入国际分类的“疾病”。很多青少年玩游戏，但没有上瘾，有一些人则玩得忘乎所以。

这种现象不仅牵涉到青少年，儿童和成年人也未能幸免。在眨眼之间拥有想要的一切，这种兴奋感成了上瘾的根源，像毒品一样。跟很多心理治疗师一样，我也注意到越来越多的人为了戒掉这些“没有药理作用的新毒品”而前来咨询。这并不奇怪，因为早在 2007 年，斯坦福大学教授 B.J. 佛格就创办了说服技术实验室（Persuasive Technology Lab）[15]。佛格教授表示，这间实验室招收的学员包括 Instagram 的联合创始人和其他“已经成为成瘾产品设计艺术专家的人，无论好坏”。他还指出，如今，数字平台的营销技术，借助社交网络难以置信的功能变得强大了很多。利用人工智能来增强成瘾性，从而为“鱼叉式”策略提供了便利。这一切都会让人想到毒贩的做法！佛格并不是唯一强调指出这一点的人，另一位纽约大学的教授撰写了一本令人难以抗拒的著作，内容关于“成瘾性技术和让人沉迷的策略之兴起”[16]。

很显然，那些想要逃避沉重现实和渴望获得快感的人最容易落入成瘾的陷阱。作为最早关注年轻人成瘾问题的医生之一，克劳德·奥利温斯坦（Claude Olievenstein）早在 1971 年就表示，要成瘾，必须有“一种产品、一个个体和一个社会文化时机”。

以中国的游戏行业为例，沉迷于视频游戏的中国年轻人会受到特别的监控，要想沉醉在自己青睐的消遣活动中，他们不能使用虚假身份，而必须实名登录。中国手游巨头腾讯集团宣布，《王者荣耀》的注册将通过警方数据库来验证，其目的是将儿童和青少年行为纳入“反成瘾”体系框架内，并对这款多人在线（据称每天有 8000 万用户）竞技游戏的玩家使用情况进行监督。腾讯计划将这种监控推广应用到旗下的其他产品中。这些措施出台时，正值中国政府加大力度控制这一异常活跃的产业之际。中国教育部宣布，在线游戏的数量将大幅减少，以预防涉及很多中国儿童的近视。此外，政府部门停止了新游戏上线许可的发放。腾讯此前已经对低龄用户采取了限制措施：理论上，12 岁以下的儿童每天只能玩一个小时的《王者荣耀》，而且晚上 9 点之后不能再玩，12 岁至 18 岁的用户每天最多可以玩两个小时。这种限制反映出年轻人长时间盯看手机屏幕所引起的担忧。

抑郁威胁：从压力到职业倦怠

这种不适影响到很多青少年和成年人，甚至可能影响到那些最具创造力的人。比如，特斯拉的老板埃隆·马斯克(Elon Musk）在 2018 年 8 月曾就自己“精疲力竭”的状态和压力向《纽约时报》大吐苦水。这位 CEO 是明日世界的代表人物，拥有多家高科技公司，比如 SpaceX 就是电动汽车和火箭制造商，被指控通过入侵员工的手机和电脑来监视他们。47 岁的马斯克说自己每周工作 120 个小时，自 2001 年以来从未休假超过一个星期，并因此错过了很多家庭活动。他透露说，自己曾为了入睡而服用强效安眠药。马斯克在那次采访中表示：“过去的一年是我职业生涯中最困难和最痛苦的一年……让人痛不欲生。”根据采访人的描述，马斯克在谈话过程中“又哭又笑”，说到动情之处数次哽咽。“我认为最糟的时候已经过去了，我认为已经结束了。”他肯定地说，“就经营而言（对特斯拉而言），最坏的情况已经过去了，但就个人的痛苦而言，最坏的情况还没有到来。”马斯克表示，过度疲劳的状态不会让他得到“同情”。但是，“这不是一个知道自己是否被爱的问题，而是一个知道自己是否能够继续运转的问题。”

罗杰·凯伊（Roger Kay）在端点技术公司（Endpoint Technologies Associates）任职，他不是心理学家，而是分析师，在他看来，“问题的一部分在于保持专注的必要性”。

这个未来世界的象征性人物似乎也代表着未来的忧郁：将来项目的分散和混乱、明天的不确定性、管理一切的无力、拒绝接受人类的极限。

埃隆·马斯克表现出所有职业倦怠的症状，这并非无法想象。职业倦怠（burnout）的字面意思是“自我消耗”，就像一根蜡烛燃烧到熄灭。这意味着蜡烛燃烧得太过强烈或时间太长。1974 年，美国心理学家赫伯特·弗罗伊登贝格尔首次使用了“职业倦怠”这个词。在从事心理学家这个职业的同时，弗罗伊登贝格尔还自愿为弱势群体提供服务。工作节奏变得令人难以忍受，这位心理学家渐渐受到持续疲劳、长期烦躁的侵扰，开始一睡就是一整天。几年后，1981 年，美国心理学家克里斯蒂娜·马斯拉奇（Christina Maslach）编制出用于诊断职业倦怠的马氏职业倦怠量表。如今，“马氏职业倦怠量表”的说法已经成为日常用语，但往往被错误地使用，这表明其定义仍然不够明显。但它突显了一个事实，即人类会精疲力竭，要么是因为被别人强加了超出自身能力的节奏，要么是因为自己给自己强加了这样的节奏。

负担过重是真实存在的。在我们谈论职业倦怠时，我们实际上是在谈论抑郁的一个子类，如果不说它是抑郁的话，导致这种状态的原因是疲惫。从严格意义上来说，这不是一种疾病，而是一种非正常临床状态的一系列典型症状。遭遇职业倦怠的人所经历的不适是不可否认的。焦虑、烦躁、记忆力和注意力障碍、睡眠障碍等，都或多或少地表明这种身心疲惫已经形成。如果说这些可能源自职业倦怠的情况具有多重面孔，那么，在工作之外强加于人的重重压力就可以被理解为某种与我们生活方式加速有关的过度紧张带来的后果。因此，对于某些人来说，未来的不确定性、无助感会导致走上一条从未来焦虑到过度紧张的道路，而这条路可能导致职业倦怠，并最终演变成抑郁。

这就是“抑郁威胁”的关键所在，如果及时发现抑郁威胁，就有可能避免生存痛苦的升级。为此，我可以为一种观点摇旗呐喊，即未来世界可能在不同程度上致人忧郁。这不是与导致羞耻感或负罪感的过去事件或某种特殊遗传易感性有关的忧郁，而是一种当今世界对未来做出的负面描绘所导致的忧郁。

这种抑郁威胁会逐渐形成，并导致受害者从消沉状态(就像那些当天遭遇坏心情或糟心事的人）转到抑郁状态，也就是说，一种持续悲观、消极和对周围世界挑剔的状态。对于某些人来说，这种威胁可能会使他们陷入真正的、需要认真治疗的抑郁。消沉本身并不具有负面性，它也可能是一种在面对令人不愉快或失望的事件时做出的健康反应。它能让我们预见风险，定下心神并做出反应，从而摆脱对我们产生消极影响的事物。但是，如果我们没有做出反应，没有停止自怨自艾或抱怨他人，或是逃避眼前的问题，那么就有可能从消沉变得抑郁。

面对外部世界所强加的过度限制，陷入真正抑郁的风险并不遥远。我在个人生活、家庭生活和那些前来接受咨询的人的职业生活中，都看到了这一点。职业倦怠并非工作中的特有现象。我曾遇到过精疲力尽的母亲，她们也是职业倦怠的受害者，我也曾遇到过焦虑到精疲力尽并陷入真正抑郁的男男女女。

边缘机制[17]

生命中出现明显的不稳定性的人越来越多。这种现象一直存在，但时间的加速、对未来的担忧、参照的不明确以及当代世界的不稳定，都有可能影响这种现象出现的频率。很多例子可以说明真实世界与虚拟世界、人类与机器之间的界限，以及每个人在面对混乱无序时应有的界限受侵犯的严重程度。这些人的思维方式、情感生活、社会关系和职业活动具有一种无序可循的不稳定性，似乎依赖于模糊不清的当下一刻；这些人对法律规定的界限或是由他人的存在所确定的隐含界限，似乎没有足够的认识，他们最常追寻的是当下的快乐，并活在“全都要，现在就要”之中。这种通常在青春期被再次激活的幼儿机制就是这群人的一个显著特征，而分裂则是另一个显著特征。妥协、专家们寻求共识的缺位，反映出一种因为缺乏稳固参照而变得脆弱不堪的个人机制。

在这些情况中，牵涉的不是智力问题，而是情绪泛溢，尤其是焦虑、愤怒和一种深层的空虚感。这些人对他人关注的缺乏和与依赖之人的分离非常敏感，缺乏面对未来的稳定保护性，他们在生活中可能具有攻击性或自我攻击行为，以及难以接受他人观点。

具有边缘机制的人可能表现出无所不能的感觉，这种感觉交织着间或出现的强烈自我贬低行为。我们发现，这些人缺乏趣味性的活动、表达思想的能力，以及更为常见的心智化和升华性活动。他们习惯于将自己的思考模式投射到外部世界，而且从不质疑这一点。他们关注的似乎是眼前令人担忧的事物，却让人感到不舒服。其中，具有艺术和创造天赋的人难以接受自己的性格无法被人理解。我们都知道，他们会在日常生活中表现出极度的空虚感、孤独感和强烈的关注需求，甚至求助于某种成瘾手段来缓解焦虑或内心的消沉情绪，但实则只会加剧这些情绪。

通常情况下，将精神状态归因于他人且不陷入偏执，可以让他们的行为变得具有意义和可以预测，并发展出一种移情和社会互利的能力。在边缘机制下，这一过程变得至关重要。

全新的治疗需求

当前对帮助和治疗的需求中，最显著的特征就是缺乏耐性。求助人越来越难以等待和忍受医疗回应的缓慢（医疗机构并不总是能够及时做出回应，当然事关生死的紧急情况除外）。对心理救助的需求也是如此，求助人期望心理救助能够在几周内解决他们无法思考和感受的问题，而不幸的是，这种内在的困境已经存在了数年，这种对结果的耐性缺乏，引出了不同治疗方法和精神分析法的操作问题。[18] 这些方法在解决复杂问题时对耐性的要求是否太过？成为新型思维典范的电脑能否对简化不同现实问题（无论是具体的或想象的）的期望做出更好的回答？互联网的使用是否会引出远程治疗的问题？

如果说精神分析中的类型疗法只针对少数人的话，那么推动当下精神分析疗法发展的需求就是强烈的。时间的限制与日俱增，一如经济指标的逻辑，也就是活动率的逻辑，还有现代人的新标准，而这些人是按照时效或至少是快速获得的标准来进行思考的。

与过去相比，医学手段的有效性大大提高，但在面对需要耐心和时间来治疗（如有可能则是治愈）的疾病时，就体现出局限性，癌症就是一个例子。

心理学也有很多的方法，从温和疗法（多少带些玄奥的意味）到精神分析，还有更偏理论的疗法。所有这些方法都表明，最能彰显疗效区别的标准，与其说是技术或隐含的理论模型，不如说是临床医师的能力和对病人的尊重（至少在治疗初期是这样），尊重他选择这种或那种他觉得更适合自己的治疗方法。可以说，常识胜过了学派之争。

在对当前情况进行了一番观察之后，我们可以看到这个加速、不确定和陌生的时代与每个人的生活会产生怎样的联系，而我们已经为工作、孩子教育和总是有待完善的知识体系等问题忙得不亦乐乎了。与这个世界保持联系，以便从中获取能量或适应其中，一直都很重要。如果我们希望每个人的命运都握在自己的手中，那我们就应该寻求并提出新的思维和行动方式。

注释

1. 《抑郁症，全球性流行病》（*Dépression, une épidémie mondiale*），法国 LCP/Public Sénat 无线电视频道纪录片，2018 年 7 月 16 日。

2. 大规模开放在线课堂（massive open online courses）。对所有人开放的在线培训，是一种开放的远程学习形式。

3. 罗伯特·詹姆斯·戈登（Robert J. Gordon），《美国增长的起落》（*The Rise and Fall of American Growth*），普林斯顿大学出版社（Princeton University Press），2016 年。

4. A. 麦克菲（A. McAfee）、E. 布林约尔松（E. Brynjolfsson），《机器、平台、大众》（*Des Machines, des plateformes et des foules*），巴黎，奥迪尔·雅各布出版社（Odile Jacob），2018 年。

5. C. 迪翁（C. Dion），《当代抵抗运动小手册》（*Petit manuel de résistance contemporaine*），阿尔勒，南方文献出版社（Actes Sud），2018 年。

6. E. 勒·布歇（E. Le Boucher），《专栏》（*La Chronique*），《回声报》（*Les Échos*），2018 年 10 月 26 日至 27 日。

7. 洛朗斯·德维利耶（Laurence Devillers），索邦大学教授，计算机博士，法国国家科学研究中心研究员。

8. 我们在情景喜剧《生活大爆炸》（*The Big Bang Theory*）中可以看到剧中角色用来结识新朋友的算法。

9. N. 奥贝尔（N. Aubert），《急迫，超现代性的症状：从对意义的追寻到对感觉的追寻》（L'urgence, symptôme de l'hypermodernité: de la quête de sens à la recherche de sensations），《急迫的形态与交流》（*Figures de l'urgence et communication*），2006 年，第 29 期，第 11-21 页。L. 卡恩（L. Kahn），《冷漠的精神分析师与后现代性患者》（*Le Psychanalyste apathique et le Patient postmoderne*），巴黎，橄榄树出版社（Éditions de l'Olivier），2014 年。

10. C. 费弗尔（C. Ferveur）、A. 布拉克尼耶（A. Braconnier），《今天要把精神分析进行到底吗？》（Garder le cap psychanalytique aujourd'hui?），《法国精神分析杂志》（*Revue Francaise de Psychanalyse*），2017 年，第 81-2 期，第 525-537 页。

11. H. 罗萨（H. Rosa），《加速：一种时代的社会批判？》（Accélération：Une critique sociale du temps?），《批判理论》（*Théorie de la critique*），巴黎，发现出版社（La Découverte），2010 年。

12. C. K. 拉（C. K. Ra）、J. 周（J. Cho）、M. D. 斯通（M. D. Stone）等，《数字媒体使用与青少年注意缺陷多动障碍后续症状的关联》（Association of digital media use with subsequent symptoms of attention-deficit/hyperactivity disorder among adolescents），《美国医学会杂志》（*JAMA*），2018 年，第 320（3）期，第 255-263 页。

13.N. 奥贝尔，《急迫，超现代性的症状：从对意义的追寻到对感觉的追寻》，同前引文章。

14. 世界卫生组织总干事谭德塞（Tedros Adhanom Ghebreyesus）希望在 2018 年将游戏成瘾列入“成瘾行为障碍”。这将有可能为像吸毒者或吸烟成瘾者一样的过度玩家提供医疗支持。

15.B.J. 佛格（B. J. Fogg），出现在《观察家报》（*L'Observateur*）的一篇文章中，2018 年 9 月 6 日，第 2809 期。

16.A. 奥尔特（A. Alter），《欲罢不能：刷屏时代如何摆脱行为上瘾》（*Irresistible : The Rise of Addictive Technology and the Business of Keeping Us Hooked*），伦敦 / 纽约，企鹅出版社（Penguin Press），2018 年。

17. 我在这里使用了“边缘机制”而不是“边缘型人格障碍”，为的是强调这种运转可能体现在每个人的身上。我的一个同行，卡特琳娜·沙贝尔（Catherine Chabert）教授特别强调了这个用语［J. 安德烈 (J. André) 主编，《边缘状态》(*Les États limites*)，巴黎，法国大学出版社 (PUF)，1999 年］。

18.J. 吉蒙（J. Guimon）、S. 扎克·德·菲尔克（S. Zac de Filc），《二十一世纪精神分析学的挑战》（*Challenges of Psychoanalysis in the 21st Century*），纽约，克吕维尔学术出版社集团 / 普莱南出版公司（Kluwer Academic/Plenum Publishers），2001 年。

第二部分

以前更好

凡是不可言说的，就应该保持沉默。

——

路德维希·维特根斯坦

在第二部分中，我将介绍置身事外的两种主要模式，这两种我经常观察到的模式被用来进行自我保护，而不是用来面对周围的事物，这是对“失落的天堂”的追寻和对现实的否认。

焦虑是我们生活的一部分，但陷入混乱可能导致我们逃避问题或自欺欺人。这两种用来面对现实的回应或解决办法，或许可以暂时性地解决问题，但其后果不容忽视，可能会成为加剧不适行为、想法和症状的根源。

第五章

追寻失落的天堂

人们在面对未来感到无能为力的时候，
常常会产生“以前更好”的怀旧之情。
但是回顾过去也可以了解未成之事，
并从中获得启发，
再接再厉做出新的成绩。

面对现代世界带给我们的担忧，产生某种怀旧之情是很正常的事。我们经常听到别人，特别是老年人说：“以前更好。”这种想法有时甚至会变成一种真正的执念。人们在面对未来感到无能为力的时候，常常会产生这种怀旧之情。

“以前更好”

每个人都会在某个时刻生出怀旧之情。这种情绪可能跟快乐的事情，从未真正忘怀的友情或爱情，生活的惬意，没有任何问题的健康状况有关。通过怀念过去，我们消除了对未来的不确定感。您可能会听到有人说：“如果可以从头再来，我还会这么做吗？”关于这个问题的答案各不相同，而寻求在过去具有恰当性的答案，可以让人安心。

我们应该回到过去（这有可能吗）还是继续向前（但这合乎期望吗）？未来真的没有什么值得我们期待的吗？或者，我们难道不应该通过回望过去来审视曾经犯下的错误，从而避免犯同样的错误吗?

我将在本章中讨论与过去整个社会相关的种种遗憾。需要提醒的是，后现代性这个概念的出现标志着它与现代性隐含观点的决裂，尤其是认为进步和更为广义上的世界合理化代表着对人性的某种解放这一观点。但面对未来而有的担忧，沉浸在怀旧情绪中是正常的。此外，这种立场还得到了一些知识分子的支持，他们的想法值得一听。我此刻想到的是阿兰·芬基尔克罗曾说过："以前更好，怀旧的辩护。"[1]这位哲学家的立场很明确："你得是一个忘恩负义的怪物，才会不承认当下这个时代的种种好处：我们，欧洲人，已经停止了相互之间的征战；我们治愈了曾经不可治愈的疾病；人的平均寿命不断增长；等等。"

寻找"大叙事"

在西方世界，宗教传统中的"超越"和20世纪的"伟大乌托邦"遭到了强烈质疑。过去的理想被粗暴对待，我们的习惯受到批评，参照被抹去，界限被越过。"那我们是活在哪个年代？"一些人提出这个问题。

实际上，20世纪下半叶的这种逐步断裂，正对应了个体社会和精神框架组织结构的瓦解甚至消失。与此同时，在大众消费的影响下，出现了一种摆脱了所有束缚、把个人享乐和个人成就摆在首位的得到解放的个体。[2]这些变化导致社会学家和人类学家不再谈论“现代性”，而开始谈论“后现代性”“超现代性”，甚至“过度现代性”，从而划定了新的语域（“超级”“特级”）（参见第一章）。

哲学家让－弗朗索瓦·利奥塔（Jean-François Lyotard）是 20 世纪 80 年代宣告两类现代“元叙事”（理性主体解放的元叙事和普世精神历史的元叙事）终结的人之一，他的论述基于这样一种观点：现代思想在很长一段时间里都是一段关于某个主体为了追求正义和社会进步而不断向前的历史。曾有一位权威人士把这种追求变成了迈向理性解放的叙事，这个权威人士的主要依据是启蒙时期康德和卢梭的思想。

有趣的是，在 20 世纪初的世界里，人们开始回归宗教和精神习俗。比如在法国，最具代表性的共和制国家和圣地吸引了越来越多的人，而不仅仅是信徒。因此，超越的渴望并不是死亡，更不是重生。这说明人表现出一种对信仰的永恒需求[3]，尤其是在面对人类的焦虑或是无法企及一个更好世界的绝望时。为什么不能认为这种超越的渴望或许也代表着一种对当今不确定性的回应呢？与此同时，我们面临着一种宗教极端主义，人类对信仰的需求在一种暴力和夸张的形式下会变得无比诱人。因此，伟大的宗教一方面遭受质疑，另一方面偏离了最初的使命。我们面对的既不是宽容而具有社会性的教徒，也不是大众马克思主义和政治反资本主义，而是原教旨主义和民粹主义的兴起。

此外，一种新浪潮也令越来越多的都市年轻人痴迷不已。除了对意义的追寻[4]、与大自然的重修旧好和替代性心理治疗，还出现了对深层精神世界的探索和追寻。萨满回来了！这个拥有四万多年历史，而且仍然存在于世界某些地区的巫医般的人物。萨满教是否会因为地球状况不佳且西方世界对此了然于心而成为一种解决未来焦虑的办法呢?

马克斯·韦伯（Max Weber）、马塞尔·格歇（Marcel Gauchet）等社会学家、历史学家和哲学家，都对世界幻灭的判断和神性存在的陨落达成了共识。让－弗朗索瓦·多尔蒂耶（Jean-François Dortier）和洛朗·泰斯托（Laurent Testot）在2005年5月出版的《人文科学》（*Sciences Humaines*）杂志上讨论了这种“宗教的回归”。

“21世纪要么是宗教的世纪，要么不是。”这个著名论断似乎已经得到了验证。两位作者解释说，在一个由进步主导的社会中，对世界幻灭的追寻、对超越的追寻出现在这个后现代性世界的各个角落，而不是被埋葬和遗忘。

正如佛教在西方社会所表现出的吸引力那样，个人经验优先于教会机构的强制性参与。对于大多数人来说，教会助长的绝对真理在信仰的相对主义面前销声匿迹。我们可以认为，除了拒绝接受西方世界的政治和文化帝国主义之外，这些运动中的大部分都表达出一种更深层的愿景，即指责全球化社会的衰朽和集体计划的缺失。这种对意义和信仰的需求，表明了一种对个人主义和过度唯物主义的道德反叛。在个人层面上，我们观察到宗教如何通过人际联络的中介和为个人提供支持而组建的小型社区来进行传播。

矛盾的是，这种改头换面的“宗教”在加利福尼亚州的发展势头尤为迅猛，那里可是“天才”创造者进行技术创新最具代表性的地方，史蒂夫 · 乔布斯（Steve Jobs）无疑是其中最具创新能力和远见的代表人物[5]。

制衡力量是否不再像过去那样活跃?

一些为地球未来而投身环保运动的组织是有的，而且这些组织的分量一直都为人所知，但它们可能被指责为只是揭露风险而不采取具体行动来保护环境。制衡力量常常作用于大型网络，抵制传播虚假新闻或侵犯个人隐私，比如印度的大型社交软件 WhatsApp，会通过限制用户转发来控制谣言传播。因虚假消息导致暴力事件频增和十几起滥用私刑后，印度当局要求 WhatsApp 采取相应措施，而上述举措就是他们的回应。

WhatsApp 一位发言人在接受 Recode 网站的采访时表示：“这是一个挑战，应对这一挑战需要公民社会、主管部门和科技公司共同采取行动。”

领导者是否不再具有过去那种勇气?

亚历山大 · 索尔仁尼琴（Alexandre Soljenitsyne）在关于西方世界勇气的衰退和脆弱的演讲中，对哈佛大学的学生们说：“不，我不能把眼下你们的社会当作理想典范推荐给我们国家的转型……我们对政治和社会改革寄予了太多希望，却发现早已被剥夺最宝贵的财产——我们的精神生活。在东方，它被执政党的交易和阴谋所摧毁。在西方，商业利益正让它窒息：令人恐惧的甚至都不是世界分崩离析的事实，而是主要地区正被相似的疾病所折磨。”这段讲话也适用于我们这个时代。

确实，我们很多人都能看到领导者展现出的沟通能力，但他们提出的建议却很难执行，他们对此心知肚明。他们能够做得更好吗？这就是问题所在。

面对未来的挑战，我们期待领导者拿出勇气。有人向他们发出了呼吁。2018 年 9 月，700 名法国科学家呼吁政治领导人从“说漂亮话走向实际行动，并最终走向一个无碳社会”。这不再是像提议设立“实证经济学部”[6] 的冠冕堂皇的讲话，也不再是那些得到广泛宣传的会议，比如跟一些国家的利益相抵触的第 21 届联合国气候变化大会，又如联合国秘书长2018年9月要求公民社会……向领导者问责的讲话。哲学家布鲁诺·拉图尔（Bruno Latour）主张重新启用路易十六发起的陈情书制度：“这不再是做出道德义举的时刻，而是围绕领土抗争的时刻……领土就是让我们能够生存的地方。”[7]

这一点得到了证实，一项调查的结果显示，34% 的受访对象将生态视作当务之急，而十分之九的法国人认为生态并不是政府的优先事项。布鲁诺·拉图尔补充，“今天，我们对所谓生态问题要做的工作不可能少于对19世纪所谓的社会问题要做的工作。”这位哲学家还认为，没有任何新事物的出现，因为一方面追随全球化，而另一方面又站队回归国家的政府提议并没有考虑到每个人提出的真正问题，特别是有关地球未来的问题。需要强调的是，在这个问题上，大部分年轻人似乎对古典政治不感兴趣，却以不同的方式参与其中。根据法国全国学校制度评估委员会（CNESCO）的一项调查，超过40%的结业班学生加入了人道主义或环保组织，而不是政治运动。这一举动是否反映出因为政治家迟迟不对这个世界提出的问题做出承诺，从而导致民众对他们失去了信任呢？

追寻“失落的天堂”是任何人都可能产生的想法。但是，我们要么认为生活只是永恒的重新开始，而且必须回望过去才能预见未来；要么承认世界在改变，而核心问题就是与这个世界产生共鸣。这两种姿态都包含部分的真相。当怀旧之情侵占人们的头脑时，这个问题就会变得至关重要。再次强调，这并不意味着回顾过去对展望未来毫无用处，回顾过去是为了了解没有做成的事情，并从过去的出色表现中获得启发，以便再接再厉做出新的成绩。无论是对个人生活，还是我们所能想象的世界观来说，这都是真实可靠的。

注释

1. 阿兰·芬基尔克罗（Alain Finkielkraut），《以前更好，怀旧的辩护》（Ce qui était mieux avant, plaidoyer pour la nostalgie），《费加罗报》（*Le Figaro*），2018年8月29日。

2. N. 奥贝尔，《急迫，超现代性的症状：从对意义的追寻到对感觉的追寻》，同前引文章。

3. J. 克里斯蒂娃（J. Kristeva），《这种对信仰不可思议的需求》（*Cet incroyable besoin de croire*），巴黎，芥子园出版社（Bayard），2007年。

4. N. 奥贝尔，《急迫，超现代性的症状：从对意义的追寻到对感觉的追寻》，同前引文章。

5. W. 艾萨克森（W. Isaacson），《史蒂夫·乔布斯传》（*Steve Jobs：A Biography*），纽约，西蒙与舒斯特出版社（Simon et Schuster），2011年。

6. J. 阿塔利（J. Attali），《关于实证经济学部》（Pour un ministère de l'Économie positive），《快报》（*L'Express*），2018年9月5日。

7. B. 拉图尔（B. Latour），《何处着陆？论政治的导向》（*Où atterrir ? Comment s'orienter en politique*），巴黎，发现出版社（La Découverte），2017年。

第六章

对现实的否认

治疗未来焦虑的首要心理支持呈现出不同程度的多变形式，
这种支持就是对现实的否认，
它满足了一种自我保护的极端需求。

治疗未来焦虑的首要心理支持呈现出不同程度的多变形式，它满足了一种自我保护的极端需求，尤其是在无法调动其他内部资源的时候。这种支持就是对现实的否认。尽管听来奇怪，但在面对众多信息和我们对未来的焦虑引起的不确定感时，我们每个人都可能在某种程度上对现实做出否认。这种对现实的否认迟早会变得不合时宜，而且会让当事人身边的人要求他认清自己跟这个世界的关系。我们在感到迷茫的时候最容易出现否认现实的情况。我们不再知道前行的方向。于是，小时候那种面对新生事物和未知事物时的感觉就会再次出现。

对现实的否认具有不同的形式。这种否认可以表现为寻求刺激的生活，生活中“疯狂的乐观主义”会让人习惯性地规避风险，如果不说是危险的话。

于连的乐观

于连说自己是一个“疯狂的乐观主义者”。他意识到自己让身边的人越来越难以忍受，而且他在工作和生活中让自己身处险境。他带着难掩不适的微笑对我说：“不是只有焦虑和抑郁的人才会让别人感到心累，像我这样的人也会。”

于连承认自己有情绪低落的时候，但不会持续太久。应该说，他过着一种一刻都不停歇的生活，疯狂工作，用危险的方式驾驶摩托车，并因此多次与人发生口角。为了满足冒险的嗜好，他还在周末玩滑翔伞，用自己的无人机“偷瞄”邻居。这种疯狂的乐观主义体现在他生活的不同方面，包括他对如今看似“荒谬”的事物做出的评判，尤其是“纯属滥用的预防性原则”和“很多人对这个世界发生的事情和对未来表现出的恐惧”。

在我们的几次会面中，于连每次都会跟我诉说一番他如何觉得进步总能让他战胜地球和人类遇到的难题。他跟我说，历史一直都在不断进步，并引用了孔多塞（Condorcet）的一句话：“这些什么都无法阻挡和暂停的进步，其边界将只会是宇宙延续的边界。”我跟他说孔多塞生活在 18 世纪，而我们是在一个不同的世界。他赞同我所持有的保留意见，并告诉我这就是他来找我做咨询的原因。

在会面中提到这些话题时，我是不会回避跟于连交流的，很显然，他可以在一种自知不会受到评判的氛围中表达自我，更加冷静地审视自己看待事物和生活的视角。

有一天，我略带幽默地告诉他，使用无人机窥视可真是让他变得更讨人厌了。总的来说，我和于连就他对世界当前和未来挑战的看法进行的讨论，对他的私人生活和人际交往起到了帮助的作用。

这种对现实的否认也可以体现为主动寻求只活在当下的意愿。把自己形容成“极度焦虑者”的萝拉对我说：“我不想再考虑现在了。”而且她无法理解为什么丈夫和孩子不理解自己的生活规则。我们的确可以任由自己沉迷于怀旧，或是为了拒绝未来而陷入无尽的遗憾或负罪感中。解决这个问题的一个办法就是只想活在当下。“我对明天已经没有什么盼头了，”一位父亲这样对我说。

不再知道明天会是什么样子，不再知道昨天会留下怎样的伤痕，所以那些因为时间的流逝而感到不堪重负的人，才会想要通过当下的平静去逃避重压。于是，我们就能理解正念冥想为什么那么吸引人，它能让人重新找回身体的感觉，并在一种摆脱了过去和未来问题的精神状态中了解当下的想法。这种平静确实能够平衡对未来产生焦虑的不确定感或对过去生出遗憾的时刻，但是这会导致一种风险，那就是不再相信个人的进步，不再拥有任何计划。

近年来，通过思考当下、正念冥想来摆脱对过去或与未来有关的执念的做法，赢得了很多当代人的青睐。可以肯定的是，这些方法可以缓解压力（至少是暂时的），但它们是否能够解决我们对未来的担忧呢？一些人批判这种做法，称其为“幸福主义”[1]的现实诱惑。当然，我们应该去轻松享受当下的一刻，享受惬意平静的心境，在幸福出现时就应该去享受它，但在必要时也应该接受危险与不幸。[2]对未来的思考是必要的，它既不是心灵的毒药，也不是兴奋剂。

否认现实就是部分或全盘地否认当下或未来的现实，这是焦虑的根源。我们每个人都会表现出这种对现实的否认，它是在对珍爱之人进行哀悼时的首要反应。更进一步说，任何放弃都会最低程度地调动这种人性资源。所有当下或未来危险的呈现都会触发这种反应。

根据个体存在的差异，对未来可能出现的危险的否认会体现在具体领域，或以更为整体的方式出现。

否认地球面临的威胁

气候变暖、海平面上升、物种逐渐消失，似乎并没有让所有人都感到担忧，尤其是某些国家领导人。一些人认为只要依靠科技进步就可应对这些威胁；另一些人则坚称，一切都是钱的问题，只要有钱，就能战胜我们面临的生态灾难；还有一些人则通过地球自冰河世纪以来的进化历史[3]解释，说人类一直懂得如何应对自然界的危险。

否认数字世界的危险

Facebook、Twitter、Google，还有中国的微信（集 WhatsApp、Facebook、Twitter 和 Tinder 的功能于一身），更不用说亚马逊的竞争对手阿里巴巴，这些网络巨头是否体现出某种专制主义呢?

我参加过一次讨论：互联网是否应该受到控制，或这样说，如果互联网代表着一种信息交流的空间，但在这个空间中的阅读和表达从未实现过完全的自由，那么是否应该继续以达到这种完全的自由为目标。其中一位发言者认为，每个人都可以自由地访问互联网，以这种自由为名，他对史蒂夫 · 乔布斯禁止苹果用户访问色情应用程序或网站、带有性暗示的约会网站的态度“深感震惊”。就某种意识形态的观点而言，这是一种对现实的部分否认，但其论据是可以理解的：每个人都有承担伤害他人之风险的自由。

需要提醒的是，皮尤研究中心（Pew Research Center）的一项研究显示，在剑桥分析公司（Cambridge Analytica）曝出丑闻的几个月后，26% 的美国人决定删除手机上的社交应用程序。在年轻人中，这一比例甚至达到了 44%。

否认数据对人的控制

机器对人的控制令人担忧。美国经济学家和麻省理工研究员埃里克·布林约尔松和安德鲁·麦克菲提出了人是否应该害怕机器的问题。他们的回答是否定的："前提是能够设想出机器与人脑、平台与产品、企业内部集体智慧与工艺技术之间全新的合作方式。"[4]

我们所知道的人类和企业的现实，很难让人想象这些前提条件会一帆风顺地实现。这两位经济学家的观点有趣、积极、充满希望，但部分地否认了这种技术发展带来的困境。

更为普遍的否认

一些人在面对未来肯定会引发的问题和担忧时，表现出一种普遍的否认："你搞错了，我们的星球没有受到威胁，数字世界只会帮助我们进步。"这种否认未来可能存在危险的例子有很多，我们在这样一种未来中，面临的是很多人都有的"未来忧郁"的威胁。"这个世界并不存在危险"，这样的观点可能会让人略感安心，但这未尝不是一种对现实的否认。如何去理解这种否认呢？

人自出生起就必须调和看似可以调和的事物，尤其是自己的渴望和他人与自己完全相反的渴望。在权力的关系中也是如此。于是，他的头脑中就拥有了人类心理学众所周知的资源：对现实的否认、分裂、矛盾和最终的妥协，这些资源早在人类之初就已在我们的头脑中形成。还有一种对现实完全不同的反应方式，就是过度反应。在这种反应方式中，我们要讨论的将是一种面对挑战时无所不能的感觉，这种感觉人人都会有。它可以小到“先乐在其中吧”，大到“没有任何事、任何人可以质疑我们的能力”，或是“坚信我们战无不胜”。自我理想性并不是一种疾病，但它可能变成一种疾病。我们知道，理想化的心理过程是按照发展的不同阶段形成并呈现出来的。

在进入青春期的过程中，自我和我们与世界的关系的体现会经历以下转变：我们需要从理想自我（“婴儿陛下”这个童年期自恋的自我与想象中自我关系里的理想情况相对应）转变为承载希望的自我理想（与生活及其象征表现相连）。理想化是一种自我防御机制，一方面用于生命冲动，个体以此对抗童年期的各种焦虑（侵入焦虑、分离焦虑、道德焦虑）；另一方面也用于死亡冲动，个体以此对抗崩溃或毁灭。

在实践中，区分理想化的这两种形态并不容易。这样一来，我们就能更好地理解为什么一些人会认为未来不会遭遇那些我们应该担心的问题。这些人是在一种完全理想化的想象当中，还是在一种设想合乎愿望的未来的想象当中？第一种假设，想象自己无所不能的假设，投射出一种否认的态度，并会让人认为无论我们有什么样的恐惧，“未来都不会存在危险”，因为进步将减少或消除这些危险。第二种假设让人可以表达出自己的期望，而且我们知道它只会伴随着时间和不确定性发生。

更普遍地来看，这种否认就与本书第一部分中提到的不同领域中的威胁联系起来了，它不一定与拒绝看到眼前的现实有关，也可能是一种态度的征兆。

注释

1. E. 伊卢兹（E. Illouz）、E. 卡巴纳（E. Cabanas），《幸福主义：幸福工业如何控制我们的生活》（*Happycratie: Comment l'industrie du bonheur a pris le contrôle de nos vies*），巴黎，Premier Parallèle 出版社，2018 年。

2. C. 安德烈（C. André），《恐惧心理学》（*Psychologie de la peur*），巴黎，奥迪尔 · 雅各布出版社，2004 年；《静能量：找回内在平衡的 25 个心灵处方》（*Sérénité: 25 Histoires d'équilibre Intérieur*），巴黎，奥迪尔 · 雅各布出版社，2012 年。

3. 西蒙 · L. 李维斯（Simon L. Lewis）、马克 · A. 马斯林（Mark A. Maslin），《人类星球：我们如何创造了人类世》（*The Human Planet : How We Created the Anthropocene*），耶鲁大学出版社（Yale University Press），2018 年。

4. A. 麦克菲、E. 布林约尔松，《机器、平台、大众》，同前引书。

第三部分

面对未来

你每天在做什么？——我不请自来。

——

保罗·瓦莱里

在未来几年中，不确定感会如何影响我们每一个人？当我们对这种不确定感心生厌倦时，如何才能自我缓解？人类学家罗热·巴斯蒂德（Roger Bastide）曾建议说："弗洛伊德对梦境进行了人格化处理，现在应该重新对梦境进行社会化处理。"[1]我们能否继续足够清醒地行使这种为自己、孩子、工作和健康而梦想的权力？是时候为思考未来而更好地准备了。未来的危险众人皆知，但每个人都想知道这些危险会对人类及其内心产生什么样的影响。一句话，我们的生活在未来世界会是什么样子？我们会拥有怎样的内心力量来回答这些问题呢？

注释

1. J. 米尼耶（J. Munier），《每日观点》（*Le Journal des idées*）节目，法国文化广播电台（France Culture），2018年8月31日。

第七章

希望的可能性

等待会让我们从悲观或乐观的视角去看待未来。

这种等待可以更加积极，

并让我们在自己所希望、渴望或期盼的事物中进行自我投射。

对待自己的未来和普遍意义上的未来，方式有很多。只是等待会让我们从悲观或乐观的视角去看待未来。这种等待可以更加积极，并让我们在自己所希望、渴望或期盼的事物中进行自我投射。

人难道不应该承认自己在本性中是有限的，但在愿景中是无限的吗?

创造希望

希望，可能介于被动立场和主动立场之间。有时，只需一个有利因素就能让人安心，并推断出可能发生的大致情况。但希望本身还不够。我们都知道这句话：不需要希望就可以开始。“希望通常被认为是一种好的感觉，就像仇恨被认为是一种坏的感觉。”[1]希望甚至可以建立在相信拥有幸运或比自我更强大的力量这一信念之上，这就是所谓的期盼。我们需要期盼，但我们更需要采取行动。

可以说，对一个更好的世界怀有希望可以促成更加愉悦的心境，这种心境既取决于我们的主观性，也取决于客观因素。研究表明，希望正是做咨询的人和不做咨询的人的区别所在。[2]在研究人员看来，促使人们做咨询的并不是问题的严重性，而是他们对解决问题的期望。因此，我们应该寻找两类因素：限制我们当下希望的因素；摧毁或增强希望的因素。

在观察我的孙辈可以从事的工作时，我这样对自己说，鉴于他们对计算机的兴趣，将来会有很多的可能性，但我也可能感到遗憾，遗憾电脑做出的数据和诊断可能会让未来的医学不再具有我眼中那种对人性维度的关注。我在一本科技杂志上读到的一篇文章说："人工智能扭曲了赌博游戏，尤其是赌马，因为有些小滑头效仿华尔街的交易员，对过分天真的玩家实施了名副其实的抢劫。"[3]这篇文章让我对所谓的"偶然游戏"的未来有了大体认识。

当我在另一篇文章中读到"一款刚刚问世的水下机器人凭借异常发达的视觉系统可以猎杀一种侵入型海星，这种海星正吞噬着蔓延 2600 公里的澳洲珊瑚礁群大堡礁"时，我生出了希望：这片正在逐渐消失的珊瑚礁群不仅能够得救，而且这类发明或类似的发明会被用来改善海洋生态问题。

在寻找答案时，我们会被与自己的关注点、敏感点和观点相符的信息所吸引。人类获得了能够想象未来的能力，但不无担忧。如何开发人类的这种能力？我们如何在赋予当前生活意义的同时，去想象"新的"可能性？换句话说，在两者之间寻求一种平衡。

面对侵入人们思想的“未来忧郁”，每个人都想知道应该怎么做，就连用词都是新的：干扰、后民主、仿生学、超人类主义……我们应该丢弃诗人、作家、哲学家的语言之美吗？汉娜·阿伦特（Hannah Arendt）曾说过：“在正确的时间找到恰当的用词就是行动。”恰当的用词也可以说服人，但多说一个词可能就会失败。那些不打算无动于衷地任由自己走向世界末日的人发明了一种新的用词。我们把那些拒绝接受这种悲惨命运的人称为“生存主义者”。这个用词不太优雅，但它很好地体现出那些拒绝接受幻想破灭的人的立场。

伟大的科幻小说家艾萨克·阿西莫夫曾写过《机器人之梦》（*Robot Dreams*）。我们可能会害怕小说中的内容成为现实。仰赖算法和依靠人工智能运作的机器可以高效地完成很多任务，但机器人不是人，不具有人复杂的情感、丰富的智慧、想象力和莫测的无意识。全新的生活方式、科学的不断进步，让不可能成为可能，酝酿出最疯狂的梦想并将其实现。

问题变得明确：我们是否能够保持创造力？如何去思考我们对未来几年的不确定感？如何让“生命冲动”优先于“死亡冲动”？如何确保这种梦想的能力能够胜过“未来忧郁”？面对可能将我们吞没的疲惫，拿出勇气吧！婴儿以一种妙不可言的方式向我们展现了勇气是推开世界大门的原动力，我们在本质上是有限的，但在愿景中可以是无限的。面对疲惫，我们是否还有梦想的勇气，是否可以让我们梦想的实现不会成为一个无解的问题？我们是否能够继续清醒而坚定地为自己、孩子、工作和健康行使这种权力？我们的时代难道不是既令人恐慌又令人振奋的吗？我们是否能够既脚踏实地又仰望星辰？一句话，如何才能治愈“未来忧郁”？

这个变化的世界能否让我们相信人类进步的能力，或是相反，这个世界是否会让我们陷入一场灾难？[4] 这种对人类进步能力的怀疑，在今天成了一个关键的问题。

再没有什么是简单的，再没有什么是确定的。观点根据主观性和个体感受而不同，抚慰人心的答案也是如此。实际上，人类拥有丰富的内心资源，可以用来管理自己的焦虑，并免受外部世界的影响。[5]

和许多人一样，我也参加了一些关于我们可能在未来世界中面对的进步和危险的讨论，这些热烈的讨论引人入胜，思维活跃、观点碰撞、论据交融。如何侧重某个观点或论据，而不去考虑其他的观点或论据呢？在这里，思维想象出的办法可以阻止猜测性偏离或支持人类去应对这些偏离，甚至更好，将其转变为人类优势的能力。在进行交流的过程中，我们置身于个人的信念之中，这些信念可以帮助我们去管理对“死亡”或“永恒”的幻想。但是，每个人都试图抚平自己的不确定感和无力感，试图接受这个世界本来的样子。

主要的观点有哪些呢？重要的是拥有足够的满足感，能让自己在最大程度上泰然地继续生活。可以肯定的是，社会的重大选择就在我们眼前，一如我们的个人选择。

面对关于未来矛盾的讨论，我们会有一种尴尬或迷失的感觉，甚至感到无力。在寻找答案的过程中，我们可能会被质疑恰当性的态度所吸引。有时为了不陷入焦虑，我们可能会逃避问题、自我蒙蔽。这种态度可以让人获得暂时的满足，但对持久地直面现实毫无帮助。我们变成了希望的乞丐。让我们脚踏实地，想一想如何才能避免既不夸大风险，也不小觑危险。

思考未来

未来总有不可预测之处。本书的第二部分将“以前更好”描述成一种拒绝接受现实的“退行”行为，而此处则反过来，我们是否能够坦诚地直面未来，适应这个新世界的挑战呢？诚然，现代世界中的一切并非完美无缺，但我们是否能去迎接时代的重大挑战呢？

面对第一部分中谈到的问题，每个人都有自己的观点，这是正常的。实际上，我们面前有很多思考未来（我们的未来和世界的未来）的途径，虽然我们常常会觉得只有两个相互对立的阵营：一边是那些认为“一切都很糟”的人，另一边则是那些相信未来虽然充满了不确定感，但能够改善我们生活的人。后者占少数。

一项民调显示，只有 17% 的法国人认为未来会更好，其余的人则坚信我们将步入更糟的境地。[6] 2017 年法国舆论研究所（IFOP）的一项调查显示，64% 的法国人害怕人工智能，71% 的人认为职业的破坏性将高于其创造性。根据 2018 年法国视听媒体监督委员会（CSA）的另一项调查，43% 的法国人表示，机器人会让人类遭到淘汰！那么我们如何才能清醒地思考未来呢？经济学家克劳迪娅 · 瑟尼克（Claudia Senik）在 2011 年发表了一项关于法国人不快乐之谜的研究。[7] 尽管法国的很多指标（寿命、健康系统、国内生产总值……）都令人安心，但法国人却忧心忡忡。法国经济、社会与环境理事会（Conseil économique，social et environnemental）在 2017 年 6 月关于法国状况的年度报告中再次指出：法国国民这种过度的悲观主义存在自我实现的巨大风险。

但是，自那以后，我们难道没有发现情况改变了吗？法国在经历了那段恐袭频发的悲惨时期之后，经济开始复苏，游客也回来了，还获得了 2024 年奥运会的举办权。2018 年初，越来越多的法国人对生活有了更加积极的看法：根据哈里斯互动调查公司（Harris Interactive）为法国 RTL 电台和电视六台（M6）进行的一项调查（2018 年 1 月初发布），59% 的法国人持乐观态度。自 2011 年以来，积极态度的水平提高了 15%！积极态度的桂冠重归女性：61% 的女性表示对 2018 年持乐观态度，而男性的比例则为 57%。

为了让世界看起来不过于令人担心，我们可以采用这样的想法：最坏的情况从来都不是确定的。我接待过很多对自己孩子消极或漠然的行为或态度（相较于家长给予他们的爱和建议）忧心忡忡的家长。我自己有时候也会对一些孩子的未来感到无能为力和悲观，甚至非常悲观。但今天看来，我过去大部分的负面预测都被证实是错误的。我了解到，在与孩子相处时，三种态度可以保护未来：爱、生活、从童年和青春期的艰难岁月中走出来。

没有人会被不可能的事物束缚，我尝试说服那些有时被自己孩子累到精疲力尽的家长去相信这一点。我们用来思考未来的时间比我们想象中要多得多。正如我在引言中提到的，研究人员调查了人们每天用来思考未来和现在的平均时间。受访对象自称平均每天会花 15 分钟去思考未来[8]，这比过去多了两到三倍，但比现在要少。[9]

我小时候常做噩梦，经历过 20 世纪两次世界大战的祖母对我说："在恶魔出现时，天使会把我们带出黑夜。"她的话铭刻在我的头脑中，我希望能把她的话转达给那些对未来"做噩梦"的人。我们经常混淆自己对未来的想法和与之相关的感觉：恐惧、愉悦、惊讶、反感等。当我们读到一篇有关冰川融化威胁挪威北部城镇或是机器人取代中餐厅服务员的文章时，我们思考的是现在。之后，我们可以换到另一个主题，或者继续思考在此意义上已经发生的事情以及将来可能产生的后果。

保持自我

这本书缘起于一个想法：我们作为个体的生活和世界的生活之间存在一种相互依存的关系。我们的生活和生活方式既不会与周围世界的演进相对立，也不会依赖它，相反，世界的样貌取决于我们每个人的生活。从出生那一刻起，婴儿的生活和成长就依赖父母提供的照顾条件。我们知道，这种照顾的质量还取决于新生儿发育的特定规律。实际上，婴儿的睡眠质量与养育者的抚养水平和照顾程度有关，但一个睡眠质量差的婴儿会让照顾他的一个或几个家长精疲力竭。为了让自己安心，我们需要信任之人的支持；但如果这种需要过度，也会让我们周围的人精疲力竭。

我们还可以通过顺从或对抗环境的做法，来人为地适应环境。我们的反应不仅是我们性格中所固有的，而且我们内心的想法已经通过一种投射机制变成了外部世界对我们的想法。我们以一种无意识的方式吸纳了周围世界传播的一切，而因为这一切往往带有负面、阴暗的印记，所以我们最终会形成一个人为的自我，这个自我反映出周围世界的喧闹沸腾。

反过来，我们可以借助对知识的好奇而拥有自己的观点，这些知识可以让我们审视自己，但不会感到无能为力。这种保持好奇和开放的能力，还可以维持我们自身与周围事物之间的连续性。重要的是，不要让自己在不一定非得依赖环境的情况下，与思考和行动的自由绝缘。不要忘记，人类对环境的适应受到由神经元组成的大脑的指挥，而这些神经元会根据收到的信息做出反应。大脑这种建立新的神经元回路、质优量多的突触的能力被称为大脑可塑性，而这个过程会持续进行。

注释

1. H. 希尔勒斯（H. Searles），《医患关系中希望的发展》（Le développement de l'espoir dans la relation patientthérapeute），《反移情》（*Le Contre-Transfert*），巴黎，伽利玛出版社（Gallimard），1981 年。

2. J. D. 弗兰克（J. D. Frank）、J. B. 弗兰克（J. B. Frank），《劝导与治疗：心理治疗的比较研究》（*Persuasion and Healing：A Comparative Study of Psychotherapy*），巴尔的摩，约翰斯·霍普金斯大学出版社（Johns Hopkins University Press），1991 年。

3. 01net.com，2018 年，第 893 期。

4. J. 索罗奈勒（J. Solonel）、E.-E. 施密特（E.-E. Schmitt），《悲观主义者有点懦弱》（Le pessimiste est un peu lâche），《巴黎人报》，2018 年 2 月 16 日。

5. A. 布拉克尼耶，《恰到好处的界限》（*Protéger son soi*），巴黎，奥迪尔·雅各布出版社，2010 年。

6. 2014 年发表在《观点报》（*Le Point*）上的调查。那以后，这种国民悲观主义似乎得到了证实。益普索（Ipsos）在 2018 年进行的一项调查中，对法国人口的代表性样本和中国人口的同类样本进行了对比，得出结论：3% 的法国受访者认为世界会更好，而持相同观点的中国受访者则占 41%。

7. C. 瑟尼克（C. Senik），《法国人不幸福之谜：幸福的文化维度》

（*The French unhappiness puzzle: The cultural dimension of happiness*），巴黎，巴黎经济学院 / 索邦大学（Paris School of Economics/Sorbonne），2011 年。

8. A. 达尔让博、O. 雷诺、M. 范 · 戴尔 · 林登，《日常生活中未来向思考的频率、特征和功能》，同前引文章。

9. R. F. 鲍迈斯特（R. F. Baumeister）、K. D. 沃斯（K. D. Vohs）、W. 霍夫曼（W. Hofmann），《你在想什么呢？各类想法随机样本中的过去、现在和未来》（What were you thinking？Past, present, and future in a random sample of every thoughts），人格与社会心理学学会（Society for Personality and Social Psychology）第七届年会，长滩，加利福尼亚州，2015 年 2 月 26 日。

第八章

探索未来的五个积极步骤

我们必须用新的问题来替代让人陷入困境的旧问题，
从而转变三种消极能力，即无力感、迷失感和局促感。

我们需要一种新的心理学来思考我们眼前的事物。[1] 如何思考呢？这就需要我们在赋予当前生活意义的同时，去想象“新的”可能性，在两者之间寻求一种平衡，展现真正的梦想能力，投身到全新的活动中去，同时对现实有所考量。那么，能够帮助我们思考未来的资源有哪些呢？

寻求了解的渴望

第一部分介绍了我在撰写本书的过程中收集到的各类信息。在好奇心的驱使下，我在经济学家、历史学家、科学家、哲学家和心理学家提供的大量信息和数据中寻找答案。我的希望是，无论我们可能获得如何戏剧化的信息，生活都会尽可能好地继续下去。

思考未来，每天十五分钟

我用这句话作为小标题，是出于近期研究人员、心理学家、心理社会学家、神经心理学家基于我们如何思考未来的问题所开展的工作。尽管人们对这个问题越来越关注，但有关日常生活中未来思考本质的数据依然很少。

在一项鲜为人知的研究[2]中，研究人员要求参与者把他们对未来的思考记录下来，并评估这些思考的特征。结果表明，这些对未来的思考具有不同的表现形式（多少有些抽象），包含不同的主题内容（工作、关系），并满足不同的功能（计划行动、制定决策）。这些思考的功能因时间间隔的不同而有所变化，与关于遥远未来的思考相比，关于近期未来的思考要更为具体，并更多地用于计划行动。而其中的情感内容，与负面思考相比，积极思考更为频繁、具体，并更多地与视觉画面相关。正如我们所见，这些研究人员要求一个具有代表性的对象组，在一天之内把自己对近期未来或遥远未来的思考记录下来。

显然，考虑不确定性的未来是一件令人煎熬的事情。但是，在意识到出现的问题和我们大体上客观的担忧这一前提之下，不去思考未来就可能构成一种对现实的否认（参见第六章）。

好奇心：探索未来的必要支撑

思考未来、筹划未来、尽可能肩负起未来，都会激发人的好奇心。每个人都可以在不同的领域以不同的方式展现这种珍贵的品质。最近，一位朋友对我说："我对一切都感到好奇。"我向他表示了祝贺，但也知道其中的局限性，尤其是分散和混乱的风险。当然，培养好奇心有很多好处，比如在成长心理学中，儿童的好奇心是知识和智力的源泉。

弗洛伊德告诉我们，好奇心源于窥视冲动，后者包含了幼儿的看与被看冲动和控制冲动；窥视冲动指向了解与被了解的渴望。如果我们每个人连一丝的好奇心都没有，那就没有什么想去发现的，也没有什么想去学习的。好奇这种品质体现出一种渴望，即渴望克服对未知事物的焦虑，渴望更好地、更富有斗志地去拥有我们周围的事物。弗氏精神分析提出了一个假设：好奇心将看到的渴望化作能量。这种渴望解释了孩子何以对广义上的性（特别是对父母的性事、两性的区别）表现出早熟而强烈的兴趣；之后，这种好奇心可能以牺牲智力为代价而受到抑制。

好奇心和了解的渴望可以让人类获得更多的知识，从而获得掌控世界的能力，这是儿童良好成长的力量。孩子们的"为什么"或"怎么做"有时会令人烦躁，像"你以后会看到的"或"你以后就知道了"这类回应有时是必要的，但也不该抑制孩子的这种行为。各个年龄段的好奇心是一种"美丽的缺陷"，只要不会引发强迫性恐惧，好奇心也是探索未来的必要支撑。

我们可以带着好奇心去关注我们过去和现在的想法和行动，关注需要留意的信息。我们也可能对被报刊文章、电台节目或书籍认定为正面或负面的一切感到好奇，并对让我们感到担忧和让我们感到安心的事物保持专注。

赋予生活以意义

人最应该做的，就是尝试与自己达成完美的和谐。

——西格蒙德 · 弗洛伊德

我们能够想象未来的样子吗？前景可能是令人担忧的，但一切尚未板上钉钉。对一些人来说，我们这个时代是令人焦虑的，而对于另一些人来说，则是令人兴奋的，这两类人占到了我们中的大多数。面对可能的前景，这是充满不确定性和复杂性的时刻。我们寻找各种途径，为的是让自己安心，或只是为了过日子。这些途径有很多。可以先问自己：我们赋予了生活什么样的意义？这个问题看似抽象，像是来自深奥的哲学或心理学领域，但有谁不曾在生命中的某一天提出过这个问题呢？当我们自问未来会是什么样子，渴望的前景会是什么样子，而不是只问可能出现什么障碍，赋予生活以意义就并非多余之举。

追问生活的意义是成熟的标志。当我们对自己如何生活的意图提出疑问时，这个问题就清晰地显现出来。我愿意追随莎士比亚的建议："生命的意义在于发觉你的天赋。生命的目的在于把天赋奉献出去。"我经常把这句话说给来做咨询的青少年和他们的父母听，前者担心自己的未来，后者担心孩子的未来。

职业经历总让我遇到想要知道自己是谁和自己能做什么的人。他们感觉自己对此一无所知，并表现出各种各样的症状，其中就包括对自己存在的无力感，这种感觉会导致极为痛苦的崩溃。

只是希望还不够

只是希望赋予生活以意义还不够，嘴上说说并不能给未来的生活带来改变。面对这个问题会有几种行为方式，“我只需要等待事情按照应该发生的方式发生就行了”，一名因遭遇严重事故而生活十分不便的患者说道。鉴于当时的情况，我可以倾听并理解这种观点，还可以建议他试着找回自己从前的斗志。面对生活意义的问题，我们也会希望不会出现太多的难题，让我们失去实现自己愿望和渴求的勇气。但我们是不是也应该创造结识新朋友的机会，并到该去的地方寻找未来呢？我们是不是也应该“守望某种前景”[3]，不要把今天的事情推到明天呢？

之后，最重要的就是在面对任何威胁时都不再有“阻止自己做自己”的意愿。就像我们在面对那些严厉评判我们或威胁我们的人时要做的那样，我们要对那些不停预言灾难的人说：“不要再吓唬我们了。”我们还可以多听听那些勇敢面对困难的人是怎么说的：“时钟滴答，白驹过隙，但不要屈服于过去的失败。”

实际上，即使面对最悲观的预言，与世界达成和解的方法也依然存在。把未来看作是成就自己的可能性空间，这会让人想到数字空间的无限。人们在数字空间里可以披上不同的人格外衣，还可以随心所欲地更换外貌，这是年轻人常怀的梦想。

在年轻人的眼中，似乎一切皆有可能，他们一直在证明并继续证明迎接挑战是最令人兴奋的渴望。反之则是选择不再梦想带有局限性的现实强加给我们的一切。数字化的未来不会驻留在时间里或某个确切的地点，它要求年轻人付出更多时间才能与复杂的现实保持一致步调。如何在不参与事物的情况下通过借助或对抗这些事物来构建自我呢？第一种做法就是带着怀旧情绪做出反应，这是正常的；我们常常会听到有人说“以前更好”（参见第五章）。但还有另一种做法：认真审视过去，并从过去的经验中受益。不要重蹈覆辙，而要从战胜困难的经历中获得启发。

赋予生活以意义，还需要更好地了解自己的情绪和舒适区。尽管我们对未来的描绘有些过去的印记，但这些描绘可以引导我们以不同的方式进行自我投射，并改变我们对这个世界和自己的看法。我们对世界的描绘无法与情绪脱离，而这些情绪也必须加以改变。想要不再痛苦地活在曾带给我们失败感的体验中，寻找舒适区至关重要。

情绪由不得我们去选择，但我们可以对此有所意识，并让自己不要被情绪淹没，尤其是那些压倒性的情绪，比如愤怒、悲伤、厌恶或不耐烦的感觉和不信任感。在这些情绪出现时，你应该能够说出来，即使不是大声地说出来，至少也是在内心说出来。说出情绪可以让你对它们采取行动，然后专注于自己当前的目标。这样就可以全神贯注于我们必须要做的事情和我们对他人造成的影响，而不是放任自己的情绪以自动模式采取行动。

这么做可以让我们自由地选择一种摆脱这种情绪状态或所致后果的方法。从改变氛围开始，享受大自然、旅行，甚至移居国外，尽管这些人类活动相比现代世界的挑战微不足道，却能减轻我们生活的压力，并且催生出一种令人放松的情绪舒适区（至少是在短时间内）。

我们的身心都需要按照它们的节奏动起来，如有可能，和其他人一起去做。我相信大自然和体育活动对身心影响的合理性，以及对“未来忧郁”所产生的积极影响。

大自然的好处

人们开始意识到大自然的诸多好处，这是事实。想要通过各种形式接触大自然的人，其数量之多让我感到惊讶。我们都知道“自然和草木意想不到的心理好处。和草地融为一体，与我们的根重新连接；来一次林中漫步或在桌上放一捧罗勒，让我们的情绪破茧而出……这种对自然不可抗拒的渴望会把我带向何处？自然是带向我们自己”[4]。对于心理治疗师玛丽·罗马楠（Marie Romanens）[5]来说，这意味着找回自己的本心：“自1970年代以来，生态心理学告诉我们，在我们的心理构建中，非人类环境（尤其是大自然）和人类环境或与身边之人建立的联系有着相同的重要性。”玛丽·罗马楠对这一点做出了肯定：“过分脱离大自然，我们最终会产生一种内心流放的感觉。”

体育活动的好处

体育活动好处多多：它会通过成就感和对某种运动的掌握让人拥有更好的自尊；能够缓解压力、焦虑甚至抑郁。这些益处可以通过生理、心理和社会因素来加以解释。法国克雷泰伊市阿尔贝-舍纳维耶医院（Hôpital Albert-Chenevier）的精神科主任安托万·佩利索洛（Antoine Pelissolo）教授说：“大量的科学数据证实了体育活动对身心健康的影响。这是一种对总体状况、对自我健康和生活的感知非常笼统的评估，但评估工具的精确度很高，而评估结果对每个人都具有意义。”

但是，人在感到无法动起来和持续疲劳的时候，就会很难拥有动力。达尼埃尔·里维埃（Daniel Rivière）表示：“必须要让病人产生这种渴望，要让他们跃跃欲试，让他们觉得这是心甘情愿的。不论社交方面的益处，从事体育活动本身就会对人的心理产生有益的影响。”这些对心理健康的好处体现为身心健康的改善，还体现为大脑机能的改善。“运动可以刺激神经递质和神经营养因子的产生：这对神经元的生长、功能和神经元之间已有的连接都有促进作用。”安托万·佩利索洛再次解释说，“因此，运动会对这些病理的大脑基质产生影响。在抑郁症中起到关键作用的某些大脑结构（比如海马体）的体积，会因运动的影响而增加。最后，运动还有助于调节和焦虑有关的情绪。”这种好处体现在所有年龄段的人身上。

“为什么不是我呢？”

自由这个词就足以让我再次情绪高昂。我相信它本身就可以让人类古老的狂热崇拜无限地延续下去。它或许满足了我唯一合法的愿望。在我们继承的诸多不堪中，必须承认，最大限度的精神自由被遗留给了我们。我们有责任不去肆意滥用它。即使可能是为了我们笼统称为的幸福，但令想象沦落为阶下囚，就是逃避我们在内心深处从终极正义中寻获的一切。

——安德烈·布勒东（André Breton）

“为什么不是我呢？”并不意味着只考虑自己。社交动物的大脑决定了我们对他人的需求。现代世界可能产生过度的个人主义，但也可能把我们带进一个团结的时代。这就需要我们克服惯常的运转方式和担忧，解开绑缚我们的绳索，并摆脱我们的小小神经质。

我们面临的障碍

艾洛蒂是一位35岁的意大利裔女性，因为遇不到心仪的男子而倍感苦恼。她曾跟一个同龄小伙子发展过一段长期的恋爱关系，但最终感到失望而离开。她想要在生活中成为自己希望的样子，但意识到自己对男友太过依赖，而男友把他的生活方式、人际关系和越来越沉重的责任强加给了她。她意识到自己为此遭受了很多痛苦，可她之前选择这个小伙子就是为了摆脱这种痛苦，她在一种“牺牲和服从”的关系中已经陷得太久。

艾洛蒂认为，无法成为自己的障碍，源于她接受的极端严格的教育。她是家中的独女，母亲逆来顺受，父亲唯我独尊，她很难找到自己的位置并彰显自我。她常常抱怨“我在饭桌上从来都没有发言权”。长久以来，她都用自己的文化和意大利南部典型的家庭风格来解释这种状况。现在，艾洛蒂意识到，有些和自己出身不同的朋友也有和她一样的感受。她不想再这样下去，付出的代价太过高昂，她决定和看似非常依恋她的男友分道扬镳。她聪明又清醒，不会把生活看作非悲即喜。她说自己已经哭过了，是时候开始微笑和大笑了。尽管她知道一些人宣称的唾手可得的幸福并不能轻易获得，但她坚信服从并非命中注定。还好，今天的世界可以让她处在一种过去的世界没能给她的处境。

艾洛蒂不是活跃的女权主义者，但她知道，自己作为女性是能够得到认可的，即便是在一个男人的世界里。她做好了在个人和职业的层面为自己去抗争的准备，等到有了孩子的那一天，无论是男孩还是女孩，她都会给孩子一种自己没能获得的教育。

这个在餐桌上从来没有发言权的“小姑娘”告诉我们，今天的世界，或许还有明天的世界，将对女孩和女人们敞开怀抱。如果女孩和女人们想要从这个世界中受益，就必须在心理上成为自己。

为了自己、为了让生活变得更好而战，并不是一件容易的事。把不如意归咎于他人更容易，而且某些情况可能会促使我们这么去做。跟自己、自己的习惯、源于对自我不满的内核形成冲突的状态而战也不是一件容易的事，与他人冲突也不是一件令人舒服的事。我在自己的职业生涯中看到过很多对自我改变抱有深深抵触的人，即便这些人是希望做出改变的，但这种希望必须胜过“既定秩序”。

儿童心理分析师唐纳德·温尼科特（Donald Winnicott）曾说过：“成长是一种侵入性行为。”生命中的各个年龄段都是如此。另一位病人曾语气坚定地对我说：“我不想再觉得自己是个伪君子了。”问题是，他承认从这种自己感觉在扮演的角色中得到了好处，甚至还乐在其中。我们所有人都有潜力，但也有消极的能力，我们多少都意识到扮演角色给我们带来的不适，但令人惊讶的是，这也给我们带来了乐趣。

找到真正的自我很难。我们所有人或多或少都有唐纳德·温尼科特所说的“假自我”。假自我指的是在自己和世界的关系中，与最理想的自我相符的那个自我。后现代性患者和精神分析师都有可能成为假自我的受害者。[6] 因此，为了思考未来，我们必须对抗那些妨碍我们关注未来的事物。我们必须“拳打”自己的生活，这样才能面对我们知悉的那个未来，而不是让自己被动地追随“灾变论”。

另一种可能的障碍是幼年时遭遇的困难。这些困难不该阻止自我的抗争。从古腾堡（Gutenberg）到埃隆 · 马斯克，还有达 · 芬奇或史蒂夫 · 乔布斯，这些改变了世界的发现者都证实了这一点。他们都曾有过艰难的童年岁月，要么是私生子或养子，要么流亡他乡，或是身陷父母离婚的纷争。今天，我还可以列举出其他很多名气远没有那么大的人的亲身经历，尽管生活对他们没有宽厚仁慈到可以让他们憧憬一个美好未来的地步，但他们一样心怀斗志，并渴望“拳打生活”。这些人具有斗争的精神，他们肯定都自觉或不自觉地跟自己说“为什么不是我呢”，就像上例中的年轻姑娘，她要下的功夫还需要很长时间，虽然这项工作从未完成，但通向终点的道路已经展开。

接下来是另一个生动的例子，来自一档我有时在忙完一整天之后会用来消遣的电视节目：《别忘了歌词》（*N'oubliez pas les paroles*）。在节目中，选手的目标是记起歌词。《别忘了歌词》并非异常严肃的辩论节目，但让人看得舒服。

相信自己的运气

凯文，2018 年度《别忘了歌词》的选手，他让我想到了那种对自己说“为什么不是我呢？”的能力。凯文是伊朗裔法国人，出生在一个看似平凡无奇的家庭，他在蒙彼利埃（Montpellier）和鲁昂（Rouen）度过了青春岁月。2016年底，他获得了一笔奖学金，飞往旧金山攻读统计学博士学位。在节目播出期间，这个25岁的年轻人结束了与巴黎乔治·蓬皮杜医院（Hôpital Georges–Pompidou）为期一年的合同，他在医院的工作是预测治疗效果的统计模型应用。凯文当时正好在法国，于是决定报名参加节目。他在接受《电视－娱乐》（*Télé–Loisirs*）的采访时回忆说：“为了支付在旧金山昂贵的房租，我参加过三次《别忘了歌词》的试镜。头两次试镜的时候，我很紧张，结果没试上。最后一次我通过了，那是在圣诞节前。我没想到会通过，心想这是最后一次尝试。”但凯文坚持住了。他微笑着说：“在定期观看这个节目的过程中，我意识到自己记歌词记得挺好。现在看来，我参加这个节目是对的。”

很显然，凯文在“拳打生活”和相信自己的运气上都做得很好。有了参加这档节目攒下的钱，他打算返回美国西海岸完成自己的学业，同时希望去旅行、帮助家人，并为旧金山的流浪汉组织一次餐会。凯文雄心勃勃、坚定不移，他希望自己能够走得更远，成为人生游戏的大师。凯文本来有可能永远无法开始这段旅程的。

这个例子说明了我们应该努力地去引导自己的生活，而不是忍受生活。为此，我们必须用新的问题来替代让人陷入困境的旧问题，从而转变三种消极能力[7]，即无力感、迷失感和局促感。

- 对抗无力感，最好的方法是既要看到它如何让我们变得依赖，又要意识到我们自己的能力；
- 对抗迷失感，如果我们再也不知道去思考什么、往哪个方向前进，摆脱这种感觉的方法就是，看到自己失去了设定目标的能力；因此，要去找回目标，或是设定新的目标；
- 对抗局促感，摆脱这种感觉的方法是相信自己可以通过借鉴过去的经验和个人的渴望来进行补救。

我们可以记住下面几条建议。

- 消除妨碍我们的障碍。我们称之为懂得“敢于”。一位朋友给我举了个有趣的例子，他的一位女友要求他对两人共同的未来做出承诺，并对他一再地说道：“别再神经兮兮的了！”这位女友的做法让他得以根据具体的情况发现了自己的障碍，并敢于去克服这些障碍。
- 走出我们习以为常的舒适区。凯文的例子就很好地说明了这一点，他敢于走出自己出类拔萃、备受欣赏的工程师身份的舒适区，去参加了一档电视游戏节目。
- 走出自己的旧有模式，摆脱面对新生事物时的自动排斥反应。对很多人来说，当前通信方式的变化就是一个例子。就个人而言，我仍然习惯使用电子邮件而不是电话。但是还有更难适应的变化，比如在网上填写各种行政表格。

今天的世界对快捷、灵巧、速度和精确等提出了很高的要求，我还想加上幽默，它在我们建立与自己的关系时不无益处。无论是在感情生活还是个人生活中，我们都应该珍视自己拥有的东西。

与蜜蜂共舞

我迷失了自我，你带来了关于我的消息。

——安德烈·布勒东，《疯狂的爱》

我在这里要借用一下莎士比亚的那句话：“生命的意义在于发觉你的天赋。生命的目的在于把天赋奉献出去。”

在过去的三十年里，我们见证了年轻人之间关系模式的转变。尽管疯狂的个人主义在最近几十年中已经被广泛地提及，但对群体性、回归集体的需求却以不同的形式体现出来，从共同工作到人道主义承诺，还有摆脱过于夸张的社会规则的渴望。

越来越多的人沉迷电脑和线上游戏，他们把自己和世界、朋友、家人隔绝开来。在这些与世界隔绝、无法走出房间的人身上，我们还可以看到一种个人主义和孤立的极端症状，这在日本被称为“茧居综合征”。这种最早出现在日本的现象已经出现在其他很多国家。孤独往往是糟糕的选择。未来应该是一台促进这种集体精神出现的引擎，而这种精神正是新技术领域巨大成功的推动力。

同时，穷人在技术进步中获益较少。年轻人产生了分化。如果我们应该从年轻一代（在他们看来，生命太过短暂，必须过得轰轰烈烈）的活力中获得启发，那么就不能忘记那些在同代人中没有真正获得自我认同，甚至完全没有获得自我认同的年轻人。我们必须进入一个团结的新时代，并让每个人都能够平等地获得文化和社会技能。[8]

穷人越来越多，而且越来越穷。未来世界是否会让这类人的数量进一步增加呢？我们每个人都有责任去思考这一问题。在过去的二十年中，政府采取了特别的援助和整合措施，以让每个人都能学习新技术。社会福利构成了一种不可替代的保护，但收效甚微，且程序过于复杂，有时甚至令人感到屈辱。煽动性地谴责援助者让一部分人与另一部分人针锋相对，从而掩盖了这些困难。我们是如何走进这种恶性循环的呢？我们应该怎样走出这种恶性循环呢？我想在本书中呼吁采取能够让所有人享受世界进步的政策，融入“反灾变论”运动中的政策。个体的自治和国家的团结是可以相互调和的。

持续的躁动是有害的，矛盾的是，这种躁动会在不断的重复中形成常态，并让我们变得孤立。最好的做法是加入创造的蜜蜂之舞，这并不意味着我们必须始终拥有相同的感受和相同的观点，重要的是持有不同观点的人可以相互探讨。讨论总是有用的，争执可能没有意义，尤其是在面对与这个世界的未来特别是每个人的未来相关的问题时。还有一点需要指出，观点的碰撞因为社交网络将人们禁闭在群体“气泡”

中而变得难以实现。[9]

展望可能性

我们可以用很多例子来说明，试图获得消息、增加自己对未来的了解、赋予生活以意义并不是浪费时间。法国哲学家、当代社会和后现代性理论学家让·鲍德里亚（Jean Baudrillard）强调：善与恶在同一时间、按照同样的运动轨迹崛起；某种道德观点可以让我们偏向一个方面，而不是另一个方面；但趋向一定的客观性并非无用之举。

在我们的信仰、判断和意识形态之外，很多工作都表明，想要更加具体地去想象未来，首先取决于一种“预体验”，即对时间或情境的心理展望，它通过想象让我们在这个未来中进行自我投射。研究人员对儿童开始思考未来并想象自己的时间和方式进行了研究，发现儿童的这种行为发生在 3 到 5 岁之间。有趣的是，为了在未来中进行自我投射，他们会尝试在过去的经历或情境中的实际体验和可能出现的经历或情境之间建立联系。他们利用过去来了解可能发生的事情，用自己可以讲出来的心理展望去思考未来。

随着年龄的增长，这种预测性展望会因个体可能产生的意图和可能希望达成的目标，以及达成这些目标的方式而变得越来越复杂。不过，我们可以使用研究人员所说的个人时间记忆（情境记忆）和更普遍或更抽象的记忆（语义记忆）

去更好地预测短期内或长期内将会发生的事情。

儿童对未来思考能力的发展表明，我们具有这种通过将事情展望为理想样貌的方式，进而想象令人愉悦之事的倾向，一如对应该避免或改变的消极事物。这就说明，每个人都可以拥有自己对未来的展望和意图。如果想要改变世界，就必须先改变自己的观念，从而知道如何勇敢地面向未来。那么应该怎么做呢？首先就是借鉴过去。回顾过去，为的是思考未来。

利用大脑的两种记忆

大脑的功能让我们拥有了两种记忆：情境记忆和语义记忆。情境是指通过参考可能有助于我们体验未来事件的过去的特定个人事件（比如居住习惯等），在心理上构建模拟、意图、预测或计划。语义是指我们在心理上构建同样的想象、模拟、意图、预测和计划，但参考的是可能出现在未来的更为普遍和抽象的事件（比如 30 或 50 年后世界可能呈现的状态）。

这两种记忆可能相互渗透或重叠，我们可以在更抽象地看待未来世界时想象自己生活的样貌。当我们尝试模拟我们未来的存在时，对两种记忆加以区分就变得非常有趣了。比如，如果我们去想象自己将来会从事什么工作，我们会更多地参考通过教育和经验获得的具体认知，也可以参考未来世界的新需求。这两种记忆可以同时帮助我们展望未来。

这些关于记忆认知的进步，是神经心理学对遭受过脑损伤的对象进行研究的成果。大脑相关的特定区域对于记忆至关重要，也就是海马体。对没有特殊缺陷的对象进行的神经影像学研究的发展，完善了人们对记忆的认知。

心理学和认知神经科学的最新数据表明，人类有能力在心理上模拟可能在某个人未来中发生的确切情境。这种“情境未来思考”牵涉到对特定事件的模拟，这些事件来自对过去事件和语义记忆的回忆，从而帮助在心理上模拟尚未发生的特定事件。此外，更高水平的个人生平参照（有关未来的总体目标和期望），提供了一种可以对想象事件进行个性化处理并将它们置于个人历史中的主观背景。心理描绘的这两个组成部分（特定事件模拟和个人生平背景）具有密切的相互作用，从而让个人生平事件引导了情境未来思考的形成，并形成在精神上漫游未来的感觉。[10]

质疑过去，为的是预见未来

知道自己从哪里来，就能更好地知道自己要去哪里，这是合理的想法。每个人的生活都取决于我们的过去，无论是现在还是未来。当我们因为某种机缘而认为“生命是永恒的开始”时，想到的是人类的历史和我们的个人历史，而个人历史充满了我们存在的方式、人际关系、渴望和错误的重复。我们不能一直保持习惯性地认为“以前更好”的态度。一方面，我们知道自己有足够好的理由来捍卫这种观点，但另一方面，我们也应知道对于在过去生活中经历的失败，自己要负一部分责任。因此，在不陷入只能导致恶性循环的遗憾和悔恨的前提下，拥有不想再活在过去失败中的希望是有用的，尤其是那些我们自己造成的失败。

承认和分析自己的失败是很痛苦的过程。我们有一种失败的愿景，这种愿景让我们无法把失败看作是做出了某些尝试，而尝试是非常积极的行为；相反，我们只记住了失败无果或消极的一面。因此，有两种理解失败的方法：要么把失败看作是一种错误，要么把失败看作是一种尝试。

如果我们认为失败是错误，那么就有可能出现两种态度：在面对类似的情况时选择放弃，或是尝试修正我们的思维，以便从新的角度去看待这种情况。这需要付出努力，而付出的努力很可能就是在付诸行动之前要克服的主要障碍。

如果把失败看作是一种尝试，那么我们就会发现自己面对的是类似的情况：进行新的尝试，与第一次不同的尝试。

审视过去的失败可以让我们想象事情以一种不同的方式发展。这一点很重要，无论是对现在还是对未来。

如果不想重蹈覆辙，我们就必须重视失败带来的负面后果。我们可以去想本来应该怎么做，去想失败的后果，或是去想别人会怎么做。举个例子，一位母亲可能认为，如果她的孩子沉迷电脑，那是因为孩子的父亲没发现自己给孩子树立了糟糕的榜样。

依靠过去思考未来需要满足一个条件，那就是不要重蹈覆辙。要让当前或将来的情况与过去的情况相比，有所改变。

总的来说，这种方法需要对问题的承认、意图的形成和行为的协调做个总结，以便对获得的结果和最初的期望进行比较。这也证明了依靠过去对思考未来是有好处的，而不是仅仅觉得“以前更好”。

我们可以质疑过去和现在，这么做是为了更好地了解未来。仅仅做得“不那么坏”是不够的，还要做得更好，为此，我们也可以依靠过去和现在。我们在面对一些情况时要懂得谦虚，而不是认为自己无所不能。在不狂妄自大的前提下，我们可以再野心勃勃一点。面对机器和使用它们的方法时，我们可以给自己制定目标，比如更好地了解机器的性能和好处，甚至在力所能及的范围内追踪某个领域取得的进步；比如，我们可以决定少用私家车，而是乘坐公共交通、骑自行车，还可以为了节约水资源而用淋浴代替盆浴。每个人都能找到自己容易做到的事，如果每个人都去这么做，所有人的未来生活将会得到改善。

专注根本

自我效能

生活中最令人沮丧的莫过于自己想做的事情做不到。这存在一种风险：要么接受无法解决的问题，要么把本应该理解为体验的失败看作是灾难。嗜好体验是“年轻”（无论什么年龄）的特征，而迎接挑战是年轻思维最具代表性的象征。

自我效能感基于我们过去的经验，正是这些经验让我们判定自己是成功了还是失败了，不要陷在悔恨之中无法自拔，要知道自己能做什么，而不是一头扎进无法做的事情中去。

这种自我效能感常常与被归类为“自信”的感觉密切相关。相较于我们有效运作的能力，这种感觉更多地取决于我们协调和灵活应变的能力。自我效能是由对自己与他人区别的了解和对自己临场应变能力的感知来进行定义和衡量的，但这并不是一种对设定目标成功实现的预测，也不是一种性格特征，而是一种信念，对自己与环境互动能力的信念。自我效能过高会对行为产生影响，比如会体现为冒进。

相信自我效能并不是自然而然的。但毫无疑问，它会促进我们对未来的理解，尤其是在我们感到与自己直接相关的信息妨碍了我们去了解未来的时候：“如果我的工作被机器人部分地取代，我是否能够适应呢？”看似平平无奇的问题会根据每个人的生活而有所不同，体现出我们在碰到问题时对自我效能的认识。如何才能更好地相信我们的自我效能呢？

在未来，我们是否能发展出一种更加乐观的看法？年轻人似乎更愿意去讨论这些话题。这两种态度的对立太过二元论。面对生活的沧海桑田，我们可以从乐观转变为悲观，反之亦然。出于性格和个性的原因，我们在个人层面上或许都会有一种选择这条路而不是那条路的倾向，我们接受的教育和经历的生活起到了决定性的作用，但我们也具有在面对威胁时以熟悉的方式做出反应的倾向。本书尝试回答很多人面对的问题，而对于其中的一些人来说，这些问题所涉深远。我们用“后现代性患者”来称呼他们，这种叫法体现出一些相当普遍的思维方式。在面对世界时如何自我定位？怀恋过去的人、斯多葛派、未来梦想家、明日享乐派？问题并不是信服难以观察后效的一般性考虑，而是提出应对未来的不同方式，让每个人自行选择。

悲观主义常常被认为是一种具有消极后果的态度，但它可以让我们做出预期，更好地分析遇到困难时可能发生的情况。这就是心理学上所说的“防御性悲观主义”，预期可以让人审视可能发生的一切负面情况，目的是在情况发生时能够更好地应对。

显然，想要理解这些困难（当这些困难不是很大，或者没有让我们陷入彻底无助的境地时），最好懂得如何发展自己的积极思维。

我赞同这样一种观点，即认为在这两种看似矛盾的态度之间存在着动态的交替，让我们可以继续自己日常的存在。我在之前的两本书中讨论过悲观主义者和乐观主义者的典型思维方式[11]，在其他几本书中又谈到这个主题[12]。如果说悲观主义者的思维方式感知到的更多是现在或未来事件产生不利结果的风险，那么就存在一种防御性悲观主义，这是一种用来为即将发生的压力事件做好准备的心理策略。而研究、测试显示一部分人从童年起就可以观察到一种带有清醒、信心和热情的乐观思维[13]。

对于具体的思维方式来说，这种在对待生活问题的方式上更为乐观和悲观的倾向之间的差别，现在变得更加清晰。我们可以通过一种习得的思维方式而变得更加乐观。在过于悲观的时候，我们会自然而然形成自动行为的思维模式。研究者对这些思维模式进行了研究，并区分出四种主要类型：

- 让我们总是感觉自己脆弱的模式；
- 不完美模式，让我们更多地看到自己和他人的缺点而不是优点；
- 失败模式，让我们拒绝面对情况或逃避情况；
- 依赖模式，让我们认为自己只能在别人的帮助下才能成事。

在我们感到过于悲观时，摆脱这些模式最有效的莫过于一种基于分析总体态势的特定方法。研究人员将这种方法称为“解释风格”或“归因风格”。悲观主义者倾向认为，无论涉及何种对象，令人不愉快或不安的事物都会继续并以普遍的方式体现出来。乐观主义者则会在某一明确情形下，对令人不愉快的事物进行界定，这种思维方式会让乐观主义者感知个人效能。相比无效或无助的离散感，这种个人效能感是乐观主义者更为常见的特征。

西尔万对我说：“面临威胁的是我们的生存。”这让我在他身上识别出了那种常见的悲观视角。为了让他开心，我引用了一句非常有趣的话：“小时候，我希望成为某个人……但我当时应该更明确某个人是哪个人。”西尔万笑了，我认真地向他解释了为什么在他跟我说那句话时我会想到这句话。

心态的变化如何能让我们更好地思考未来的挑战，并成功地迎接这些挑战？和西尔万展开的这次讨论，让我们在悲观主义视角和更为乐观的视角之间找到了一种更好的平衡。

专注特定目标

为了优先考虑根本所在，我们必须意识到自己的行为是有一个目标的，而我们会通过一个行动计划来实现这个目标，这样可以让我们保持专注并绕过或克服障碍。让人具有思考能力的大脑额叶和前额叶部分，可以帮助我们完成这个任务。

目标是我们行动的目的，它们对应的是一个同样有意识或无意识的具有层级的结构。我们的计划具有这样的功能：沿着一条大致按照步骤来评估的道路去确定达到目标的路径。如果只是简单地表示“我只想快乐”，我们就会不得不在某个时刻去考虑那些隐藏的目标。

我们行为的目标层级是与用来实现这些目标的计划的层级平行的。在这一点上，我们可以仰赖行为主义的刺激－反应模式，以及可以让我们区分两种行为的认知主义：一种体现为决定、计划、预测行为的积极行为，另一种是对刺激做出回应的反应行为。如果没有足够明确的目标，我们就无法将自己的渴望和行动变为现实。如果我们的目标没有以足够清晰的方式表达出来，或是用来实现这些目标的策略不合适，那么就无法实现梦想。

因此，必须懂得放弃对我们来说太高或太难的目标。这种清醒的态度可以让我们不至于陷入无法自拔的失败感，更好的是，它可以让我们投身更容易实现的新目标。这一点很重要，研究表明，达成自己设定的目标和从中获得的满足对获得幸福感发挥着核心作用[14]。

慢下来

与其陷入混乱无序或一成不变的状态，我们不如慢下来，然后回归本质。我强调过这样一个事实：任何人都拥有一种不老的生命力，那就是梦想的生命力。如果我们因受到阻碍而无法去梦想，那么请记住，通过选择对自己而言最重要的事情来获得幸福的生活，永远都不会太晚。

每天早晨醒来的时候，我们都会对这一天要做的事情感到不安和焦虑。有些束缚我们是无法摆脱的，比如送孩子上学、参加工作会议、为周末做准备、应酬等，而这些束缚的用处并非总是不言而喻。这些活动是否如我们想象的那么重要？答案是肯定的，但我们也要经常回顾一下对自己最重要的东西。爱自己的孩子和被他们爱，不意味着要随传随到；让自己的工作具有意义甚至带来增值，要比参与低效率的组织活动更有价值；对意料之外的事物保持开放的心态，去做意料之外的事情要比去做别人期待我们去做的事情更能获得满足。2005 年，班纳巴尔（Benabar）的一首描绘拒绝赴宴的歌曲迅速蹿红，歌词表达了很多人的心声：

我不想去赴宴

我没心情去，我很累

他们不会怪我的

好吧，那就不去了

而且我得节食，我的衬衫都绷起来了

我看起来就像一节香肠

我可不能这样子出门

这不关你朋友的事，我很喜欢他们……

我们可能会问自己，慢下来和生活在一个“时钟转得太快”的世界里相比有什么好处。我们的一些同代人对慢生活的优点倍加推崇。

秘鲁城市库斯科（Cuzco）曾是印加帝国的首都，城中的古老建筑都是用石块建造的，在那个既没有机械化设备，也没有吊车和建筑材料升降机的年代，只能靠“人的腕力”一块块地搬运和堆砌这些重可达数吨、总高超过 3000 米的石块。数千人用圆木棒移动这些石块可能需要花费数十年的时间，但这些建筑至今屹立不倒。而如今的建筑物在一千或几千年后又能剩下些什么呢？

梦想和微笑的勇气

我们是否应该效仿笛卡尔在《谈谈方法》（*Discours*

de la méthode）中所说的“只求改变自己的愿望，不求改变世间的秩序”？克里斯托弗·哥伦布（Christopher Columbus）在早笛卡尔一个世纪曾说过：“海洋将带给每个人希望的理由，正如睡眠带来梦想的队列！”选择令人渴望的前景基于一种想法，即认为依靠我们的内部资源改变自己的渴望要好过决定世界的秩序，这些内部资源可以让我们向着未来勇往直前。

为了实现目标而进行的理性思考、计划和组织对于思考未来同样有用，但它们必须和我们成为自己的创造者的意愿以及我们的想象能力联系在一起。我们可以把梦想的趣味、快乐和用途等同于游戏的趣味、快乐和用途。这就是为什么想要加速学校教育而对学龄前儿童施加压力只会适得其反，而增加课间休息以减少上课时间的做法取得了好的效果。科学研究表明，平板电脑或智能手机上最好的应用程序对学习的促进效果要逊于现实中的真实游戏。这也是美国儿科学会（AAP）证实了的事实，该学会对为了所谓教育意义的活动而减少幼儿游戏时间的现象表示震惊。

在《儿科》（*Pediatrics*）杂志上发表的一项研究显示，儿科医生正受到一种社会趋势的困扰，这种趋势强调早期学校教育的重要性：“在美国，幼儿园里30%的儿童被取消了课间休息，为的是增加上课时间。在1981年至1997年间，3至11岁的儿童每周失去12个小时的游戏时间。”玩小汽车或过家家激发出的热情和做成一款新的应用程序或学会使用它激发出的热情同属一类；和小伙伴玩追逐游戏、躲猫猫……所有这些都是一种享受，我们不该忘记这也是儿童情感、社交和神经发育的基础。“游戏并不肤浅。这就是大脑构建的方式。”[15]让我们保持这种微笑的能力，还有这种梦想的能力。相比抱怨，大部分幼儿每天笑的时候更多。为什么他们比成年人笑得多呢？因为幼儿不会担心自己的未来，因为幼儿感到了来自周围环境的支持，尤其是父母的支持，因为幼儿没有成人被迫承担的责任。

在面对有关未来的问题时，真的有必要板着面孔并忘记微笑吗？不要忘记，微笑可以增加幸福感，并诱使他人微笑。俗话说得好：“你对生活微笑，生活也会对你报以微笑。”这句俗话也是构成真理的重要部分。接下来发生的事情应该会让笑对生活变得容易。

梦想的意愿，面对不可能的清醒

我不过生活，我梦想生活。

——雅克·海格林（Jacques Higelin）

除了夜梦，在睡眠中也很容易沉迷于醒梦，渴望驱使我们这样去做。乏味是沉迷醒梦的温床，嫉妒让我们拿自己与别人和别人所拥有的东西进行比较。但是，当周围的世界让我们感到痛苦或沮丧时，当我们对他人或情境的期待无法实现时，梦想就会变得愈发困难。这样的例子有很多：恋爱失败、考试失败、工作面试失败、没能完成某个我们应该完成的任务，等等。矛盾之处就在于，这正是需要鼓起勇气去梦想的时候。我们可以从那些公开或较为低调地表现出这一点的人身上获得启发，但梦想的勇气要求我们去做更多。拒绝不可能之事的梦想还不够，我们应该鼓起勇气去梦想一个可能的未来。

是否存在多种未来的可能？我们是否还能梦想？我们是否还能把自己的梦想进行到底？我们是否应该拥有梦想的勇气？很多人都为我们展现了可能的道路。昨天是这样，今天是这样，而且没有任何明天不会是这样的理由。

梦想就像游戏，也能促进创造力、对周围世界的探索和与他人在相互作用中的互动。当下或未来的创业者是否拥有这种足够疯狂的能力，去梦想一个需要探索的未来？1997年，苹果公司的一则广告（“非同凡想”的口号或许是这个传奇企业的一位或几位创始人的选择）这样说道：“只有那些疯狂到认为自己可以改变世界的人，才能真正地改变世界。”我们是否可以带着现实的心态，尝试适应未来世界的莫测，而又不会丧失雄心抱负？很多哲学家和心理学家比如弗洛伊德，都证明每个人都会看到世界并在世界中看到自己，并基于一种独特的心理构造去设想自己的行动。了解这种心理构造可以让我们懂得自己的恐惧、渴望、雄心以及与他人和世界的关系。那么，如何运用这种幻想未来的能力，也就是说有意识地去梦想？

我们不应该忘记，有一些梦想会因为自身承载的狂妄幻想而无法实现。但是，大多数梦想就像在人类大脑中打开的其他窗户，让我们拥有了想象一种不同生活的可能性，一种与我们每天都在经历的生活不同的生活。

我们都有梦想的能力

我们拥有一种没有人能剥夺的能力：梦想的能力，尤其是梦想一个更好未来的能力。诚然，历史告诉我们，一些人的梦想变成了另一些人的噩梦。我们都对世界的未来忧心忡忡：要么是害怕无力应对，要么是害怕无法参与其中。怎样才能让天平向好的一边倾斜呢？其实，我们始终都拥有梦想的可能性和实现自己梦想的渴望，而如今，我们不仅拥有这种能力，而且在面对现代世界引发的焦虑时，还拥有梦想一个更好未来的“勇气”。在撰写本书时，我想到了在巴黎先贤祠为西蒙娜·薇依（Simone Weil）举行的致敬典礼。这个典礼象征着对这位杰出女性在个人生活和政治生活中表现出的勇气的认可和赞赏。

在清醒的状态下去想象和梦想，也就是说，拥有幻想的计划，是避免消沉的王道，但这么做需要勇气和去实现这些计划的意志力。

如果说梦想可以改变很多事，那么我们就更应该在一个处处设限的世界里鼓起勇气。我们是否应该遵从奥斯卡·王尔德的名言：瞄准月亮，纵使无法达到，也会跻身于繁星之中。

如何才能拥有梦想自己未来的勇气，拥有设想最为疯狂的梦想的勇气？这需要我们意识到设想令人渴望之物的可行性和尚不存在之物的可能性。即便我们都知道自己的大多数梦想不会实现，但我们应该心怀斗志，并允许自己去梦想，从而拥有自己的人生哲学。

能够梦想是一种恩典

如何赶走恶魔，并让天使出现在黑夜？我比以往任何时候都更加相信梦想的力量让人重燃斗志的人生哲学[16]，即便生活不总是尽如人意。在未来世界中找到自己的位置，是人类的一个重大挑战。法国智库（Institut Sapiens）[17]甚至基于“新人文主义”必要性的观点提出了一份宣言。应该如何做呢？我们不要忘记人类的这种能力：梦想的能力。

懂得梦想未来并非徒劳之举，特别是对于那些因死亡焦虑而完全停顿或在困境中感到死亡焦虑的人。每个人都会以自己的方式在焦虑中等待事件发生或加速事件的发展，或是对未来进行自我投射，并将目光转向可能发生或应该发生的事情，担心事情迟迟未发或促使事情提前发生。每个人都可以在个人历史和整体历史的动向中捕捉某些事物。过去的时代经历过这种巨变：“与伊拉斯谟、马基雅维利、蒙田、拉伯雷一道……文艺复兴时代的男人和女人们已经在我们之前经历过这种情况。”[18]在发现美洲四年后，哲学家皮科·德拉·米兰多拉（Pico della Mirandola）向那个时代的世人呼吁道：“你，你不受任何障碍的限制。”今天，我们的梦想涉及生活的方方面面。与发现未知大陆相比，这些梦想可以更远大，但这些梦想也可能更加令人担忧。

人总会禁不住去梦想。约翰·列侬在歌曲《想象》（*Imagine*）中唱道：“你可能会说我是在做梦，但我不是唯一的一个。我希望有一天你能加入我们，到那时世界就会大同。”“别做梦了”，我们从小就会听人这么说。所幸，孩子们的想象力是无限的。即便他们有时会做噩梦，但那也是如呼吸般自然的事情。让我感到震惊的是，旧日英雄的丰功伟绩竟然依旧让儿童和成人痴迷不已。

我们可能从出生起就开始梦想，我们的大脑就是为这种精神活动而“设定”的。渐渐地，人对现实形成了意识，但我们固有的梦想能力永远都不会消失。我再次谈到有意识或潜意识的梦想活动。在这个层面上，儿童的梦（就传统意义而言）——这种在睡眠过程中发生的活动，其内容往往清晰地表达了我们在白天生活中的愿望。只有随着年龄的增长，我们的头脑会改变和伪装自己的渴望。于是，就像那些专门研究梦境的人所解释的，我们的夜梦在不同的文化和时代中变成了解析的源泉。这种活动既是快乐的来源，也是不快乐和焦虑的来源。

“让孩子去做梦吧。他们长大之后有的是烦恼。”[19] 毫无疑问，梦想、乐观和好奇心是童年的财富。从出生起，孩子就尝试贴近生活，并表达自己存在的理由。当我们面对责任、不得不接受当下和明天生活的种种约束时，试着去重新发现沉睡在自己体内的童心吧。英国诗人威廉·华兹华斯（William Wordsworth）早在弗洛伊德之前就曾写下“儿童乃成人之父”[20]的名句，而成人不过是童年样子的反射。

超现实主义认为，对梦的研究及其在创造过程中的运用具有一种根本的地位。而浪漫主义则在梦中看到了另一个世界的投射，在那个世界里，激情的呓语解释了荒诞的幻觉，超现实主义将其视为定义和抵达真实生活的一种方法。每个人的梦都变成了散乱思维的线索，不再满足理性的苛求，而是成为一种猜测的对象，从而把展望、预测和生活目标联系在一起。

因此，梦可以让我们发现主观的东西如何在客观的东西中扎了根。我们常常把梦和现实对立起来，但其实梦可以帮助我们去理解现实，做好迎接未来现实的准备。梦还可以解构习得的行为习惯和语言习惯，它令相遇成为可能，并重新确立了偶然的地位。我们可以记下阿拉贡（Aragon）的这句话：“我梦见一个长长的梦，那个梦里的每个人都在做梦。我不知道这个新的梦会变成什么样子。我在世界和黑夜的边缘做梦。”[21]

我们忘记了超现实主义的贡献，而更愿意去谈论后现代性的挑战。但是，这些挑战不正是对未来的种种疑问的根源吗？正如超现实主义者所证明的那样，是梦的功能帮助我们提出了这些疑问。

关于英雄和永恒回归的神话始终鲜活如初，这些神话表明孩子的梦想和成人的梦想之间存在联系。荷马的作品不仅被成功地用来教导有阅读困难的孩子学习阅读[22]，而且成人也对这些作品的主题深深着迷，这就是为什么西尔万·泰松的《与荷马共度夏日》[23]会大受欢迎。泰松在书中引用了考古学家海因里希·施里曼（Heinrich Schliemann）的话，后者证实了童年的梦和成年的梦之间存在联系："我一学会说话，父亲就给我讲述了《荷马史诗》中英雄的传奇故事，奥德修斯、雅典娜等；我很喜欢这些故事，它们让我着迷，让我激情澎湃。孩子获得的最初印象会伴随他们一生。"

如今，电视剧和游戏中都是超级强大的男英雄和女英雄，既表现出英勇无畏，又表露出成为最优者的渴望，他们打败怪兽并完成挑战。童年的世界和神话的世界从来不会相隔遥远。长大之后，我们依然铭记童年的梦想，有时还会梦想童年。

在任何年龄，梦想并不总能给我们带来天堂的消息，但梦想推动着我们去寻找天堂。英雄的传奇将继续让人梦想：孤独的航海家文森特·里奥（Vincent Riou），在旺迪单人不靠岸航海赛（Vendée Globe）中救下参赛的朋友让·勒·卡姆（Jean Le Cam）；中校阿尔诺·贝尔特拉姆（Arnaud Beltrame），自愿顶替一名妇女成为恐怖分子的人质；马穆杜·加萨马（Mamoudou Gassama），勇攀四层楼救下悬在阳台栏杆上的儿童；哲学家安娜·迪富芒泰勒（Anne Dufourmantelle），为救朋友的孩子溺水身亡，生前的著作曾谈到风险和超越自我的概念。勇气、忘我、奉献精神是这些英雄的共同点。面对焦虑，人类心理学使我们了解到人所拥有的不同资源，对一种神话模式的识别就是其中之一。识别是一个心理过程，"从出生就有，并持续一生，它会让人将一种别人身上吸引自己的优点（或缺点）据为己有，尤其是在人寻找自我的时候。……这种识别既是过程，也是结果”。[24]但是，如果只需要梦想的勇气，那就不应该混淆梦想和清醒，尤其是在面对不确定时。我们每个人都应该懂得对此善加利用，敢于将自己投射到未来之中，并敢于将目光转向可能发生或理想中可能发生的事情。

有一些幻想和梦想是很多人共有的，还有一些集体的梦想，但每个人都必须认识到，心理活动是个人的，而且这些心理活动对于每个人来说又各有不同。一个歌手梦想着自己喜欢的事物和自己的所作所为能够得到认可，甚至还有登上舞台的那一刻；一个活跃分子希望自己的信念得到倾听，并准备好为说服更多人而奋斗；二者具有某些共性。还有一种“疯子”，认为只有他的音乐、演唱或演奏方式才有价值，或是认为参与政治是一场无情的战斗。“歌手”“活跃分子”“疯子”都有各自的梦想，这些梦想构成了他们存在的一部分。

我本可以选择一些不那么理想主义、更为随和的人物，比如一个园丁，梦想着在春天看到花开，或是在秋天看到几年前种下的树已成荫，自己可以在树荫下继续悠闲地梦想。又如，火爆异常的逃脱游戏不仅混合了需要找到的目标、需要解开的谜题、需要打开的关卡和扣锁，还体现出萦绕在人类心间的对冒险、发现和梦想的渴求。

梦想与清醒

因此，重要的是不要混淆梦想和清醒。在面对事物的真相时，想要视若无睹或否认现实的不仅仅是孩子。如今时兴活在当下和冥想。毫无疑问，这么做确实可以缓解日常的烦恼，但现实的邮差“总按两次铃”：第一次，他让你受到束缚，甚至让你受挫；第二次，如果你没有足够重视他的话，他就会让你无处可逃。

这并不意味着我们应该放弃梦想，更不意味着我们不应该喜欢梦想，只是我们需要接受它对我们的给予和它的本来面目。

从实现梦想之人那里获得启发

实现梦想是人类最宝贵的财富。很多人已经向我们展示了实现梦想的道路，各个时期都是如此。坚持自己的梦想可以让人抓住生活中的机会。那些最终的样子、出乎意料之外的人令我们向往，他们表明了一个事实：坚持自己的梦想让他们得以抓住出现在眼前的机会。在专门讨论“拳打生活”的篇章中，我曾提到几个名人的例子，从私生子达·芬奇到被收养的史蒂夫·乔布斯，还有和我们共处一个时代的凯文，他在几次试镜失败后终于获选参加了一档重要而有趣的电视节目《别忘了歌词》。

如何开启未来之门呢？我在这里介绍七个具体对策。在我看来，这七点必不可少，也是实现自己梦想的路径。

⑴ 懂得如何打开关闭的门。

⑵ 依靠运气，就像路易·茹韦（Louis Jouvet）说的：“不要无视运气的基本法则，运气想要我们冲它微笑、憧憬它并相信它。”

⑶ 相信遇见的力量。

⑷ 正视风险，不要恐惧，甚至感到兴奋。

⑸ 不要半途舍弃计划的创造性。

⑹ 感受重生的“不可思议”。

⑺ 让不大可能变成大有可能。

不是每个人都具备这些能力，也不是每个人都希望去培养这些能力，但人人都可以从中获得启发，进而实现自己心中的梦想。

不要回避未来提出的复杂问题，我们已经看到，否认现实不会帮助我们面对未来。但是，也不要屈服于当今广泛流传的二元观念，即“我们永远都做不到”或“进步将永无止境”。在这两种部分掩盖了现实的观点之间，存在第三种可能的途径：因现实主义而有所缓和的希望之路。

接下来将讨论我们投身第三种途径的方式。我的工作不是提出普遍性的问题，而是为想要缓解未来焦虑的人提供心理支持。这些人中有父母，他们为孩子忧虑不安，并越来越早地感到未来的挑战；有年轻人，他们对情感生活的持久度或创业的决心疑虑重重；有职场人士，他们认为自己的工作可能会被机器人代替，认为自己的合同已经变成了“短期”合同；还有身陷痛苦的人，他们对医学的进步怀有各种疑问。实际上，所有这些人，无论是我们还是我们周围的人，都更为普遍地对未来和面对未来的方式抱有担忧。

注释

1. G. 厄廷根（G. Oettingen）、A. T. 斯文瑟（A.T. Sevincer）P. M. 戈尔维泽（P. M. Gollwitzer），《思考未来的心理学》（*The Psychology of Thinking about the Future*），纽约，吉尔福德出版社（The Guilford Press），2018 年。

2. A. 达尔让博、O. 雷诺、M. 范 · 戴尔 · 林登，《日常生活中未来向思考的频率、特征和功能》，同前引文章。

3. R. -P. 德鲁瓦（R.-P. Droit），《如果生命只剩一小时》（*Si je n'avais plus qu'une heure à vivre*），巴黎，奥迪尔 · 雅各布出版社，2013 年。

4. S. 卡尔甘（S. Carquain），《费加罗夫人》（*Madame Figaro*），2018 年 7 月 23 日。

5. M. 罗马楠、P. 盖兰（P. Guérin），《构建内心生态，重归大自然》（*Pour une écologie intérieure, renouer avec le sauvage*），金色微风出版社（Le Souffle d'Or），2017 年。

6. L. 卡恩，《冷漠的精神分析师与后现代性患者》，同前引书。

7. A. 菲利普斯（A. Phillips），《三种消极能力》（*Trois capacités négatives*），巴黎，橄榄树出版社，2009 年。

8. N. 迪武（N. Duvoux），《团结的新时代》（*Le Nouvel Âge de la solidarité*），巴黎，塞伊出版社，2012 年。

9. A. 佩兰（A. Perrin），《法国精神生活场景，恐吓对阵辩论》（*Scènes de la vie intellectuelle en France, l'intimidation contre le débat*），巴黎，巨嘴鸟出版社（*Éditions du Toucan*），2016 年。

10.A. 达尔让博，《未来情境思考》（La pensée future épisodique），《神经心理学杂志》（*Revue de neuropsychologie*），2016 年，第 8 期（1），第 55-59 页。

11.A. 布拉克尼耶，《乐观主义者》（*Optimiste*），巴黎，奥迪尔·雅各布出版社，2013 年。

12.《心理学》（*Psychologies*），特刊，2018 年 7 月 - 8 月。

13.A. 布拉克尼耶，《乐观的孩子》（*L'nfant optimiste*），巴黎，奥迪尔·雅各布出版社，2015 年。

14.C. S. 卡弗（C. S. Carver）、M. F. 谢尔（M. F. Scheier），《论行为的自我调节》（*On the Self-regulation of Behavior*），纽约，剑桥大学出版社（Cambridge University Press），1998 年。

15.P. 弗雷乌尔（P. Fréour），《儿科医生的警告：让孩子去玩》（Laissez les enfants jouer, alertent les pédiatres），《费加罗报》，2018 年 8 月 29 日。

16. 如果说从蒙田到尼采、斯宾诺莎、黑格尔和笛卡尔，哲学已经挑战过一切，并试图治愈一切，那么我们每个人都可以仰赖自己的“人生哲学”。

17.https://www.institutsapiens.fr/.

18.《哲学杂志》（*Philosophie magazine*），特刊《文艺复兴，

巨变的时代》（*La Renaissance. Quand les temps changent*），2018 年夏。

19.《家长》（*Parents*），2018 年 8 月 30 日。

20.W. 华兹华斯（W. Wordsworth），《彩虹》（*The rainbow*），1802 年。

21.L. 阿拉贡（L. Aragon），《梦的波涛》（*Une vague de rêves*），巴黎，西格斯出版社（Seghers），2006 年。

22.S. 布瓦马尔（S. Boimare），《这些不被允许思考的孩子》（*Ces enfants empêchés de penser*），巴黎，杜诺出版社（Dunod），第二版，2016 年。

23.S. 泰松（S. Tesson），《与荷马共度夏日》（*Un été avec Homère*），海滨圣玛格丽特（Sainte-Marguerite-sur-Mer），赤道出版社（Éditions des Équateurs），2018 年。

24.A. 布拉克尼耶，《恰到好处的界限》，同前引书。

第九章

在不断变化的世界中改变自己

对于同一个现实，
每个人都会根据自己的判断、感觉和生活经验做出自己的描绘。
为了理解这些现实，我们应该以哲学的方式，
即斯多葛主义和少许伊壁鸠鲁主义，退开一步。

接受这样一种观点：我们可以通过改变自己来与世界保持和谐共鸣。根据不同的主体和情况，我们可以比较乐观或比较悲观，但要避免一味地乐观或悲观。还要接受一个事实：我们的描绘超乎现实。对于同一个现实，每个人都会根据自己的判断、感觉和生活经验做出自己的描绘。为了理解这些现实，我们应该以哲学的方式，即斯多葛主义和少许伊壁鸠鲁主义，退开一步。这些宝贵的哲学能够帮助我们接受一个不断变化的世界并在其中改变自己。

面对既有改变

面对未来如何保持警惕、批判且足够冷静和敏锐？我们在面对大多数问题时可能具有的相互矛盾或各有差别的立场，在很大程度上夸大了预测未来几十年可能发生之事的困难。

举个例子，人人都知道由于气候变化，森林、沙漠、景观、海洋，地球上所有的生态系统都面临着“重大改变”的风险。科学家警告说，这种改变不仅会影响森林和景观，还会影响水的形成周期。在未来 100 到 150 年中，这些变化可能会彻底改变生态系统，威胁到动植物群。根据《科学》（*Science*）杂志发表的论文，这种情况最可能发生在欧洲和美国。密歇根大学环境与可持续发展学院院长乔纳森 · 欧弗佩克（Jonathan Overpeck）指出："如果我们任由气候变化失控，那么地球表面的植被将变得与今天完全不同，这将对地球的多样性构成巨大威胁。"这项研究基于可追溯至 21000 年前的化石和大气数据，当时，最后一个冰川期已经结束，而全球的气温上升了 4℃至 7℃。专家们还指出，他们做出的预测极为谨慎，因为这种遥远的升温是由长期的自然变化造成的。美国地质调查局（USGS）西南气候适应中心(Southwest Climate Adaptation Center)主任斯蒂芬·杰克逊（Stephen Jackson）强调说："我们所说的这种跨越一万到两万年的变化幅度将压缩成一个或两个世纪。"

生态系统将不得不加紧适应的步伐。科学家们认为，如果温室气体的排放量不超过 2015 年《巴黎协定》中规定的上限，"植被大规模改变的可能性将小于 45%"，但如果不采取任何措施，这种可能性就会大于 60%。这种可能性代表着一种不确定性，在面对这种不确定性时，每个人都会根据获得的信息形成自己的观点。

对于 21 世纪的进步，总会有两种审视角度：一种是积极视角，认识到技术的进步；另一种是批判视角，让人看到局限性和风险。在这里，我们所说的既不是否认潜在危险和大事化小的防御性悲观主义，也不是一种怡然自得的乐观主义，而是一种清醒而智慧的乐观主义[1]，即第三种途径。

没人能够否认未来会让我们感到恐惧的事实。不同时代，个人的担忧和真实呈现的世界之间都存在一种无可争辩的联系。但无论是感到无力还是迷茫，或是对厘清重要主题的矛盾观点感到困惑，我们都必须承认，与世界达成和解的方法好坏参半。当一切变得不再简单，当一切变得不再确定，我们该怎么办呢？面对逆境，就没有别的补救方法了吗？像我一样对充斥在周围的威胁提出种种疑问的人经常对我说："我很迷茫。"如何才能不去夸大风险？是否应该接受先改变自己才能改变世界的观点？这种探讨未来的方式并不新鲜，早在两千年前就被提出来，哲学家们的论战就是最好的证明。

出人意料的是，"改变自己的行为"的愿望，越来越多地得到进步主义思潮的支持，这种思潮提出意识的革新，也是由农人哲学家皮埃尔·哈比（Pierre Rabhi）发起的"蜂鸟运动"和由马克西姆·德·罗斯托兰（Maxime de Rostolan）发起的"未来农场"（Ferme d' avenirs）所持的观点。

我们的描绘超乎现实

几个世纪以来，人类对现实的描绘一直推动着哲学的发展，其他学科也为此提供了解答。很多人对描绘的定义达成一致："描绘构成了一种思考行为的实质性内容"。自20世纪初以来，就这一定义达成一致的心理学占据了重要地位，描绘（与思考有关）可以根据选择的模式得出不同的解释。弗洛伊德的精神分析提出了与其所处年代相关的新定义。心理描绘应该区分为两个层次：对"事物"的描绘和对"词语"的描绘。前者与感觉、视觉和听觉感知有着直接关联；后者植根于人的意识中，反映了一种更为明确的语言思维。

随着计算机模型的发展，人们渐渐意识到被指事物与词语之间存在着独一无二的关系。在这里，我们面对的更多是一种理性与逻辑、因果与真相的科学。如果我们可以在这个层面上批评精神分析为想象和阐释提供了过多空间，那么我也可以对"思维的计算机模式"提出相反的批评，因为这种模式掩盖了思维对语境现实的阐释能力和根据个人历史、主体文化赋予某一事实不同含义的能力。"思维的计算机模式"固有的风险体现在：它忽略了我们思维方式中情感和无意识的部分。

我们是否能在考虑到这两种模式的益处时想象出未来的模样：仰赖弗洛伊德关于感觉和情感的发现之益处和关于我们语境管理能力的"思维的计算机模式"之益处？在实际情况中，我们可以使用不同的反思工具提出问题并进行修正，从而更好地去思考未来。

少许斯多葛主义

我们可以去阅读塞涅卡、爱比克泰德或马可·奥勒留（Marcus Aurelius）的著作。我没有能力探讨哲理，但我无法舍弃提及这些伟大哲学家的乐趣，他们给我提供了可以用来思考未来的宝贵人生经验。[2]

根据个人经验，塞涅卡试图通过摆脱困扰自己的万千琐事来找到延长人类寿命的方法。[3]这种做法基于一个先决条件："重要的不是我们在承受什么，而是如何去承受。"对塞涅卡来说，未来与永恒相比无足轻重；他建议我们成为自己的朋友，这样就永远不会落单。诚然，对于这位哲学家来说，道德始终都是一场意志对抗激情的斗争。他和尼禄的相似与这个观点或许不无关系。塞涅卡捍卫生命的事业，他写道："因此，如果有人活得久，那我们欣赏的就不会是他的白发和皱纹：他活得不久，但存在得久。"我们可以借用他描绘的这幅画面来讨论当下的灾变论：一个人远航，是因为骇人的风暴迫使他离开港口，带着他四处漂流，而海上遇到的暴风雨却让他在同一片海域原地打转。此人几乎不大出航，现在却被颠得左摇右晃。[4]

这幅画面在今天或许更令人震撼。我多次谈到世界如何让我们害怕无力应付，而同时又渴望参与到未来的挑战之中。对一些人来说，社会背景成了一个问题。不具优势的社会出身可能催生出"一种'无用'新阶级的崛起，这个阶级要对抗的将不再是剥削，而是自身的微不足道"，因为在未来世界中，“此后最重要的资源将是知识”[5]。对另一些人来说，我们已经知道了一些典型的例子，这些例子激发出其他年轻人独自或与不同领域的人开创事业的渴望，而失败的可能性，并不能妨碍他们实现梦想的希望。

至于爱比克泰德，我们怎能不提他在《手稿》[6]中写下的这句格言："不要要求事事随你所愿，而要迎接事情的发生，你的生活会因此而幸福。"爱比克泰德的观点是："有些事情取决于我们，（而）有些事情不取决于我们。取决于我们的是我们的判断、我们的倾向、我们的渴望、我们的憎恶，简而言之，所有属于我们的东西。不取决于我们的，是我们的身体、财富、名望、权力，简而言之，所有不属于我们的东西。"

与伊壁鸠鲁派相比，斯多葛派对自己和世界要严苛得多。斯多葛派会对取决于我们的事物和我们无法掌控的事物做出区分。取决于我们的事物应该让我们变得积极、勇敢和负责。面对世界的剧变，人的内心领域必须保持警惕和坚强。数字世界不断扩张和完善，斯多葛派会对自己的电子名誉，也就是"数字名誉"保持警惕。因为他们知道，要想找到一份工作或获得银行贷款，招聘者或银行家会根据对申请者及其品味、兴趣、嗜好、收入和疾病的了解做出决定。

少许伊壁鸠鲁主义

伊壁鸠鲁，同名学派的创始人，他在《致梅瑙凯信（伦理学纲要）》中阐述了自己的幸福学说。快乐是幸福的构成部分，但并不是随便哪种快乐。这种快乐必须能够满足某种天然的渴望，也就是说，这种渴望不能是无法满足的；当我们满足了这种渴望，就会获得某种程度上让渴望停止的快乐，于是我们就会感到满足。

然而，有些渴望没有满足的门槛，这些渴望永远不会得到满足，而且总会让人陷入痛苦。比如，对财富的热爱就是一种徒劳的渴望，我们何时可以说自己拥有了足够的财富呢？还有一些人选择减少工作，即便收入也会随之减少。这些人被称为节俭主义者。这种节俭主义的生活方式出现在美国，吸引了不少决定减少工作的年轻人。他们的目标是尽快积累一笔财富，以便从职场抽身，回归一种让人能够获得更深层次满足感的生活方式。他们拒绝追逐权力或金钱的徒劳渴望，以自己的方式实践着伊壁鸠鲁主义。

注释

1. A. 布拉克尼耶，《乐观主义者》，同前引书。

2. R.-P. 德鲁瓦，《与苏格拉底、伊壁鸠鲁、塞涅卡和其他所有人生活在今日》（*Vivre aujourd'hui-avec Socrate, Epicure, Sénèque et tous les autres*）巴黎，奥迪尔·雅各布出版社，2010 年。

3. 塞涅卡（Sénèque），《论生命之短促》（*Sur la brièveté de la vie*），巴黎，一千零一夜出版社（Mille et Une Nuits），

1994 年。

4. 出处同上。

5. Y. N. 哈拉里（Y. N. Harari），《智人》（*Homo sapiens*），巴黎，阿尔班·米歇尔出版社，2015 年。

6. 爱比克泰德（Épictète），《手稿》（*Manuel*），巴黎，伽利玛出版社，“页码”（Folio）丛书，2009 年。

第十章

关于未来的好消息

人们对事物改变得太多太快的失望情绪已经普遍存在。
但不要忘记，用不同的方式去看待未来是有可能的。
这是心态的问题。

我们应该如何去应用这种新的心理学？思考未来并不限于某个单一的生活领域，我们可以好好利用前文中的五个积极步骤（参见第八章）。如今，人们对事物改变得太多太快的失望情绪已经普遍存在。但不要忘记，用不同的方式去看待未来是有可能的。这是心态的问题。

给想成为具有远见卓识的家长的好消息

可以作为示范的领域就是儿童教育和青少年教育。很多父母既希望自己的孩子能够享受这个年龄该有的游戏乐趣，能够获得这个世界所提供的知识，又希望孩子懂得遵守基本的规则，比如礼貌、感恩、关爱他人，并掌握基本的技能如会读、会算、会写，且没有太多的拼写错误。但是，还是这些家长，希望孩子能够乖乖地坐在桌旁、保持安静，或至少不要时时插嘴、随时随地央求新游戏或新活动，尤其是要服从所谓的规则。被爱和惩罚都很难，重要的是去爱自己的孩子，同时要具有逻辑性，并在与孩子的年龄和性格相协调的教育中保持理智。[1]

家长会面对一个真正的难题：让他们的教育适应当下的世界，并遵循稳定的教育原则。老师有同样的担忧，他们也在尊重孩子个性和教育规则之间寻找平衡。在一个不断变化的世界中，家长应该继续让孩子从事有意义的活动，并帮助孩子实现他们将来可以实现的目标。获得计算机或人工智能提供的知识就是一个具体的例子。

家长有必要去适应新一代交流和学习新工具的能力，还必须让孩子懂得（通过以身作则）：断开网络并不是脱离时代，而是花时间去生活。在经过20世纪势不可挡的城市化推进后，回归压力较小、更加安静的生活环境的需求越来越普遍。法国招聘网站Cadreemploi在2018年发布的一项调查显示，法兰西岛（Ile-de-France）84%以上的白领打算离开巴黎地区前往法国其他地方定居，其中70%的白领打算在三年内离开。原因中排在首位的是生活成本、通勤时间，其他还有与大自然不够亲近。这些受访对象希望离开巴黎及周边地区，以便找到更为舒适的生活环境（占90%）以及个人生活与职业生活之间更好的平衡（占65%）。这种情况也出现在越来越多的面临与首都相同问题的其他地区大城市。

最令人惊讶的或许就是这种回归大自然的需求，它体现在重新发现林间漫步的乐趣和对更天然、更健康的饮食习惯的渴望。显然，每个人都会从中获益，地球的未来也是如此。问题并不在于这种或多或少被清晰表达出来的渴望，而是能否实现这种渴望。因此，梦想成为避免陷入沮丧的王道：梦想需要勇气，尤其需要有待培养的务实态度。

找到个人生活与情感生活之路的好消息

追求体验是年轻状态的一个特征，它与年龄无关，而且在逻辑上也和年轻没什么关系。

众所周知，年轻人浏览的网站中，有很大一部分都是约会网站。这些网站是一个以时间加速为主导的世界的标志，让人们有机会遇见陌生人，遇见一个不同的自我，这个自我同时也是追寻生活必不可少的补充。我们可以幽默地说，不要对追寻由条形码评估出来的理想伴侣太过执着，比如应用程序 Yuka 就是通过条形码来推荐食物的！“我们无法扫描生活中的一切。或许这样更好。”[2]

夫妻生活引发了很多问题，一直以来都是如此，但是现在，在认为夫妻生活需要妥协的人和再也无法忍受的人之间的那种平衡，变得脆弱不堪。夫妻生活是什么时候开始的，能持续多久，为什么？与过去不同的是，现在的女性更加自信，而且因为工作的原因，拥有让自己大踏步前进的经济条件。但很多女性依然会面对独自抚养孩子的问题，而且会比男性更加长久地寻找能够建立稳定关系的新伴侣。此外，根据钱普尼斯健康水疗中心的一项研究[3]，超过 50% 的已婚女性更愿意和好友而不是伴侣共度时光。对其中 57% 的女性来说，沟通是夫妻生活中最缺乏的。但是，朋友能更好地倾听并提出更好的建议，而且没那么让人恼火，更不用说朋友的幽默感也更好。简而言之，男人需要更加宽容并更加关注另一半的需求。尽管这项研究是由一家专门为女性提供水疗服务的机构进行的，但无论如何，男性还是应该从中吸取一些教训。

另外，老年人也越来越多地受到夫妻问题的困扰。统计数据表明，近四十年来，在一起生活超过三十五年的夫妻中，离婚率增加了九倍。

关于未来工作的好消息

如何去思考工作的未来？从事某种职业的希望会不断变化。如何去关注新的职业机会呢？是应该待在自己的舒适区内，还是走出来？是否应该投身新的职业？是否应该懂得提出要求或是拒绝别人的提议？显然，每个人的未来都可能出现职业转换的征兆。比如教练艾玛纽尔·迪埃（Emmanuelle Duez），按照她自己的说法，在 28 岁重起炉灶："将来，我们一生中从事的职业不会少于 13 种！这就需要知道如何在职业上重塑自我。我也很相信这种大幅减少的趋势，这种趋势表现在合并不同的工作和激发我们灵感的工作。"她又补充说："从零开始是不分年龄的……"[4]

在未来，职业的形态将会发生变化。在服务、创造、行政行业以及大大小小的公司里，居家办公将变得越来越普遍。

我们可能在工作室、办公室里以共同的模式工作。

多米尼克 · 梅达曾在 2014 年说，工作价值在法国从未如此可观："受到关注的恰恰是这项工作得以开展的条件。"[5] 她补充说，年轻人尤其想获得一份有意义且有用的工作，"他们愿意投入其中，但前提是他们的社交生活和家庭生活不会受到侵扰"。同样，我们也可以说，推动职业世界发展的转变，是女性进入所有职业领域（包括工业）和晋级所有职业阶层的前所未有的机会。如果说职业世界的大门在最近几十年中已经向女性敞开，也只是在所谓的"支持"或低技能行业，但未来的行业及其新技术会消除妨碍女性进入所有企业部门的最后障碍。

未来的工作将主要取决于全球的经济状况。我只是一个普通公民，但我可以像所有人那样去阅读或收听信息。无论是出于无知，还是因为没有掌握正确的信息，我都无法对经济的发展感到安心，因为经济发展会影响到我个人的未来。诚然，2007 年至 2012 年的全球经济危机并没有造成 1929 年那样的后果，但它依然在西方世界中被冠以"大萧条"之名，而这场全球经济危机被认为是自大萧条以来最为严重的一次。在 2018 年，国际货币基金组织总干事再次警告说，大国之间的贸易角逐将造成新的威胁。

每个人都会面对的问题是：我的工作有未来吗？我们将会经历职业的改变、再适应、失败和成功。传统职业的终结将会影响到很多部门，而其他形式的工作（已知的或未知的）将会不断出现。

经济的创新发展会导致某些行业消失，并催生出新的行业。一个概念由此诞生：创造性破坏，创新的源泉。[6]机器化和数字革命将对就业产生什么影响？未来会有哪些新的职业和出现更多空缺职位的成熟行业？很多人都对这一问题进行了研究，其中，法国智库智人研究所研究主任埃尔万·蒂松（Erwann Tison）在2018年就这一主题撰写了报告。

这份报告指出，技术的加速进步将令颠覆整个社会的数字革命的规模越来越大。这一现实可能会导致很多工作消失，同时创造出其他的工作需求。在个体做出选择之前，一定要对这一点有所预见。“这是尤为重要的，因为如果存在一种可以替代人类工作的技术方案，那么这个方案就会出于提高生产力的考虑而被采纳……如果不能预见数字浪潮，那么这股将吞噬很多工作的浪潮就会对社会产生危害。”如果这种预见体现为努力提升自我或是在非本行业领域中找工作，那么它或许就是重振能力的关键所在。

好消息是，经济学家约翰·梅纳德·凯恩斯（John Maynard Keynes）做出预测，到20世纪末，技术将消灭奴役性的繁重工作。这一预测得到了证实：法国劳工部统计局（DARES）列出的最艰辛的职业与受到威胁的职业相互重叠。根据伦敦经济学院教授、人类学家大卫·格雷伯（David Graeber）的判断，机器人将消灭所谓的“狗屁工作”（bullshit jobs），也就是那些没有意义的无用工作。

哪些职业会受到威胁？这份报告显示，受到威胁的是那些直接受到某种技术的挑战并在过去三十年中从业人员减少的职业：搬运工、办公室和管理秘书、会计、银行和保险职员、收银员、自助服务人员。根据智人研究所的预测，这五个行业中的从业人员很有可能在未来几年看到自己的工作消失。

该报告还指出，有些职业前途未卜：商用车辆驾驶员可能会因自动驾驶汽车的出现而受到影响。报告还强调，受到行业危机和大规模机械化冲击的农业领域，将会发生深刻的改变。

与此同时，大量的职业会进一步发展。例如，如果个人协助或健康领域的职业能够顺应当前和未来的发展，其前途将会一片光明。另一项研究表明，到 2030 年，85% 的未来职业尚不存在。比如，在 1990 年，很少有人预料到在不到三十年后需要通过社交网络工作。一份由加拿大企业薪酬在线管理服务公司 Wagepoint[7] 发布的清单列出了十种有待发明的职业，其中或许会有你的孩子梦寐以求的职业，比如数字建筑师，专门建造虚拟建筑物，可以让广告商和商人把产品销售给健康专家。

数字领域的职业构成了未来职业的主力军，尤其是那些与数据管理、开发、界面设计、通过数字渠道寻找新客户（“增长黑客”Growth Hacking）和网络安全相关的职业。企业中有关幸福的职业（“幸福官”Happiness Officer）会变得异常重要。个人服务职业也不甘落后：数字平台 WiserSKILLS 注意到护士、人体工程学家和家庭护工数量的增加，这个现象与人类寿命的延长有着密切的关系。很多与我们社会发展相关的新职业也纷纷出现，比如“首席自由职业官”（Chief Freelance Officer）、网瘾治疗师或生物医学工程师。可以肯定的是，这些职业将对特殊的技能提出要求。

关于个人健康的好消息

美国科学家马明林博士创造了一种可以在体内释放胰岛素的植入物，在植入一两年后取出。这对每天必须进行几次自检和注射的糖尿病患者来说是个好消息。

如果你知道全世界每六秒钟就有一个人死于糖尿病的话，这就是个天大的好消息。如果说我们的社会在不停地变化，那么任何领域都逃不开这些变化，健康可能是这些变化已经或将要对消费者、健康系统使用者尤其是相关职业产生重要影响的领域之一。美国四大科技巨头（谷歌、亚马逊、脸书和苹果）表示有意进军健康领域，尤其是人工智能领域，而健康领域的技术正呈现爆发式增长：纳米－生物－信息－认知会聚技术（NBIC）已经成为现实。

极度专业化会成为业界规则，而患者则希望成为自己健康的参与者。同时，对专业人士的需求在不断增长。每个人都认为自己在接受医疗服务的过程中需要得到陪护，而获得这些服务需要无懈可击的组织性、可供性和协调性，无论患者身在何处或处于何种社会状况。从医学伦理来说，医生无法免于思考，还要给出建议。让任何地方的任何人都能够获得治疗应该成为当务之急。健康机构内的创新是达成这一目标的手段之一，但也存在巨大的制约，在任务转移或对某些人来说是能力转移的背景下，人人自危。高级护士（IPA）的特殊方案很能说明问题。这意味着可以更快、更有效地与和医生协同工作的护士取得联系，从而在预防和治疗上采取措施。将来，高级护士将是取得正规文凭的护士，拥有理论知识、专业技术和从事高级护理工作必不可少的临床技能，同时还具有做出复杂决定的能力。高级护理行业的特征是由从业环境决定的，往往与所在国家的需求相吻合。未来这种职业结构不仅会缩减等待治疗的时间，也会改善教育任务和为患者提供的建议。

朝着这个方向前进，为所有健康领域的职业提供新的动力，是最终全力投入这种协调一致的理念中去。很多人都对这种理念表示赞成，但也有人并不希望这种理念成为现实，生怕因此失去自己的“那一丝权威”。就让我们给这个方案一次机会吧，看看这些新用途会如何吸引并形成用户群体。[8]

健康很有可能是取得长足进步的领域之一，而我们每个人都将从中受益。在 2018 年的法国，健康领域已经拥有 10 万个应用程序、200 个活跃的初创企业和超过 3 万个工作岗位。超过 60% 的法国人将电子医疗看作是希望之源，而 90% 的健康职人则把电子医疗视为一次机遇，尤其是在慢性病的防治上，这类疾病占到医保支出的 75%。

法国医学可能取得的进展，还涉及获得医疗服务的可能性和为患者提供护理的可能性。远程问诊、远程鉴定和远程监控将构成基础的三驾马车，让患者借助更全面的预防、更充分的知情和更有效的引导而成为“自己健康的参与者”。所有的患者都将可以通过电脑或安全连接向医生咨询。一家法国公司已经设计出一种可以用来自行治疗的高科技诊疗舱，这种诊疗舱不仅可以实现远程问诊，还可以在医生的监控下进行多种检查（心脏、听觉、视觉等）。

这不是不可能实现的梦想。在法国中央－卢瓦尔河谷大区（Centre-Val de Loire）卢瓦雷省（Loiret）的拉赛勒叙勒比耶市（La Selle-sur-le-Bied），自 2018 年 7 月开始使用一台远程医疗装置，这种装置在以后将惠及其他五个缺乏医生的农村市镇。[9]

移动技术、远程医疗、增强现实技术（AR）将改变我们求医问药的方式。举一个例子，急救医生在刚刚发生事故的野外现场进行评估。他戴着一副可以控制声音的自动连接眼镜，通过全息图像把伤员的术前评估和照片传送给几十公里外的一位医生。后面这位医生可以做出精确的诊断，甚至可以通过急救医生的界面“看到”患者，并向急救医生传送信息或指导他进行技术性操作。通过这种方式，每个医生发挥了自己的作用，并以最有效的方式对伤者做出回应。

从更为严格的医学和外科视角来看，我们几乎每天都可以看到护理和疾病治疗领域的发展，有些治疗方法在此之前甚至是无法想象的。我可以举出很多例子。例如，至少有两项研究表明，在通过黑痣图像对黑色素瘤的鉴别上，人工智能要比人类做得更好。“这一点很重要，因为在实践中存在一种出于预防的考虑，即为了消除肿瘤进行的过度介入。这会导致不必要的外科手术和没有意义的疤痕。”[10] 参与了这些研究工作的里昂癌症研究中心的研究员卢克·托马斯（Luc Thomas）教授解释说：“减少假阳性意味着减少这种现象的发生。”

人工智能可以预测免疫疗法的效果。巴黎古斯塔夫·鲁西医院（Hôpital Gustave Roussy）的医生研究员已经开始用一种人工智能算法来分析 CT 图像，为的是预测免疫疗法对癌症患者的疗效。只有 15% 到 30% 的患者在对抗 PD-1/PD-L1 的免疫疗法上产生了良好的反应，这种疗法可以恢复对抗肿瘤的免疫功能。迄今为止，没有任何标记可以识别出这些易感患者。但我们知道，肿瘤的免疫环境中淋巴细胞越多，免疫疗法的成功率就越高。研究人员尝试开发一种能够通过图像来评估免疫环境的工具。通过采集从包含患者肿瘤基因组数据的扫描仪中提取的信息，他们创造出一种定义免疫细胞对肿瘤浸润水平的“放射组学标记”。他们发现，接受免疫疗法三到六个月后获得疗效的患者，其放射组学的分值要高于其他患者。这些研究工作表明，图像可以预测某种生物现象，或者说肿瘤的免疫浸润。古斯塔夫·鲁西医院的公告指出：“最终，医生将可以使用图像来识别人体任何部位肿瘤的生物现象，无须进行活检。”

另外，基因疗法和免疫疗法变得越来越容易获得。目前全球已经有五种免疫和基因疗法获准上市，用于治疗头颈癌、一种免疫缺陷引发的淋巴瘤、视网膜退化。法国克勒兹省已经研制出第一款针对结直肠癌干细胞的检测试剂盒，以后还会研发针对其他器官的检测试剂盒。

虚拟现实技术（VR）也齐头并进。VR 技术不仅可以用来缓解精神病学中的恐惧症，甚至能帮助其他科室的患者减轻疼痛。在针对重度烧伤患者的治疗取得了令人鼓舞的初期效果之后，虚拟实境和扩增实境技术又对其他类型的疼痛进行了实验。几年前，美国科学家利用虚拟实境技术让重度烧伤患者的疼痛减轻了 35% 到 50%。瑞典和斯洛伐克的专家最近证实，扩增实境可以让截肢患者因幻肢引发的疼痛减少一半。

这里还能补充很多外科医学在眼睛、大脑等不同器官的手术中获得技术助力的例子，同样获益的还有对胃、肾、肝这类“软器官”的介入性治疗。

但是，这一切并不能解决所有的问题，尤其是保持原有医患关系中人性和心理维度的重要性，或者说健康合作伙伴与病患的关系。就像在其他领域中一样，应该考虑让这些医学操作走进日常生活所需的过渡时间。

最后，每一种进步都有其反面效应。米歇尔·西姆(Michel Cymes）说：很多人在冒出一个小痘时都会做出同样的反应——急忙上网搜索，确认我们的健康没有受到无法挽回的伤害。网络上充斥着不靠谱的网站、吹牛皮的专家和居心叵测的传道士，他们的言论令人担忧，总是想象最糟的情况。[11]

关于数字世界的好消息

世界经济的未来很难预测，但我们能否思考这一领域的数字未来呢？以下面的信息为例，人工智能将在未来为全球增长做出巨大贡献。[12] 无论是自动学习、图像识别、自然语言处理、虚拟助手，还是任务链的机器人化和自动化，都可以让世界上所有国家创造的经济价值每年增长 1.2%。但需要强调的是，工人之间和国家之间的差距可能会进一步扩大。这不是微不足道的细节，因为它可能加剧公民之间的不平等，加剧贫富差距。

生态挑战紧密依存于前面提到的经济挑战。全球经济与气候委员会的一份报告显示，目标高远的环境政策将创造数百万个就业机会，到 2030 年，少污染城市发展模式的改变和适应型农业等将带来 26 万亿美元的额外经济收益，并增加 6500 万个工作岗位。

再举一个例子，常常被视为典范的加利福尼亚并非孤例，采取保护大自然和发展再生能源的措施，也并不是要拥有巨额的财富。这通常归功于当地负责人和居民们的奉献与智慧，比如韦桑市（Ouessant）市长、波南群岛协会（Association des îles du Ponant）主席。他明确指出，尽管受到规章制度的约束，但布列塔尼地区的森岛（Sein）、莫莱讷岛（Molène）和韦桑岛应该对 2015 年启动的一项能源转型计划所取得的进展感到高兴，这项计划将 2030 年设为实现“100% 可再生能源”目标的截止时间。虽然已经做了很多工作，但依然有诸多承诺需要兑现：实现 2023 年可再生能源达到 50% 和 2030 年可再生能源达到 100% 的目标。[13]

据波南群岛协会称，得益于这项计划，这三个未与大陆电网互联的布列塔尼群岛，以及菲尼斯泰尔省（Finistère）的巴茨岛（Batz）和圣尼古拉岛（Saint–Nicolas），在三年内每年节省能源达 2120 兆瓦时（每户每年平均消耗 9 至 20 兆瓦时）。

这些群岛的领导人表现出少见的高效性。他们思考未来的方式是——梦想，确定明晰的目标，并制订计划来实现目标。这些理由足以让我们相信未来，相信人类投身积极行动的能力。

世界在改变，每个人也必须懂得改变，这样才能生活得更好。现在，大家都在谈论智慧城市。智慧城市是共同协作的城市，这种划分街区和住户的人类城市可能会逐渐成为大势。良好的规划通过城市互助网络形成动态、生态循环和友好的氛围，并且拥有共享工作空间和绿地，这些都是造就可供推广的城市规划的基石。这需要找到赋予人类、社会环境的融入价值，将利他主义重新引入城市的核心。“对于城市规划者来说，这意味着要对城市用途做出预期，通过发展互联住房、共享房间和活跃社区让这些用途合为一体。这一切的背后隐藏着挑战：资源的分享，共同行动和共同生活的回归。一个城市之所以美丽，是因为人与人的相遇。这是我穿行在城市中留下的记忆，也是我想要与人分享的记忆。”[14]

没有人可以凭借一己之力改变世界，但每个人都可以通过与他人建立连接、通过新的途径来改变自己。前提是每个人都愿意出一份力，并愿意审视某种情况所有的细节，避免陷入二元思维模式的陷阱，比如“一切都太过复杂”“一切都很危险”“所有的新生事物都绝妙无比”。

注释

1. A. 布拉克尼耶，《今天的父母：爱、常识、逻辑》（*Être parent aujourd'hui：Amour, bon sens, logique*），巴黎，奥迪尔·雅各布出版社，2012 年。

2. 阿比盖尔女士（Mme Abiker），01net.com，2018 年，第 897 期。

3. 钱普尼斯健康水疗中心（Champneys Health Spa）于 2018 年 1 月至 3 月对 1517 名英国女性进行的调查研究。

4. M. 德·拉·福雷·迪沃纳（M. de La Forest Divonne），《重塑职业生活……在初入职场之时》（*Réinventer sa vie professionnelle... quand on vient de la commencer*），巴黎，埃伊罗勒出版社（Eyrolles），2018 年。

5. D. 梅达（D. Méda），《重塑工作与增长：果敢》（Réinventer le travail et la croissance：De l'audace），收录于《我们的希望之路》（*Nos voies d'espérance*），O. 勒·奈尔（O. Le Naire）主编，阿尔勒 / 巴黎，南方文献出版社（Actes Sud）/ 释放链条出版社（Les Liens qui libèrent），2018 年。

6. A. 卡尔科林 - 马尔谢（A. Karklins-Marchay），《约瑟夫·熊彼得：生平、作品与观念》（*Joseph Schumpeter：Vie, oeuvres, concepts*），巴黎，椭圆出版社（Ellipses），2004 年。

7. Wagepoint.com。

8. Univadis 网站，帕特里克 · 加塞尔（Patrick Gasser）医生，法国专科医生联盟国家同盟会 - 法国医生公会联合会（UME.SPE-CSMF）主席。

9. 《十字报》（*La Croix*），2018 年 9 月。

10.《费加罗报》，2018 年 6 月 8 日。

11.M. 西姆（M. Cymes），《亲爱的疑病症患者……》（*Chers hypocondriaques*…），巴黎，斯托克出版社（Stock），2018 年。

12.R. 德米舍利（R. Demichelis），《人工智能如何为全球增长做出贡献》（*Comment l'IA va contribuer à la croissance mondiale*），échos.fr，2018 年 9 月 5 日。

13.《科学与未来》（*Sciences et avenir*），2018 年 9 月 7 日。

14. 夏尔 - 爱德华 · 万桑（Charles-Édouard Vincent），“露露在我街”（Lulu dans ma rue）创始人。

结语

一个与真实产生共鸣的世界

除了日常的个人问题、孩子的教育、夫妻矛盾、工作上的认可、焦虑的根源，有时甚至还有对气候变暖的担忧、地缘政治的威胁，甚至是对进入人们的行为和个人娱乐活动实行全方位监控的时代所引发的恐惧……我们可以继续细数下去，直到让自己的大脑疲惫不堪。

这个处在不断变化之中的世界是否会把我们带向灾难？[1]或是让我们对人类进步的能力少几分怀疑？与此同时，在这个全新的世界里，每天都会出现可以用来改善我们未来的新发现和意想不到的资源。但是，新技术领域取得的巨大进步并不会阻止我们对未来提出疑问。

我们应该在不否认现实的前提下保持清醒，这也是我在本书中尝试去做的。我的工作是帮助那些因无法再梦想而感到绝望的人，帮助他们重新相信自己的命运和未来。我认为，面对悲观和耸人听闻之论调的纯真年代已经过去。我每天都在尝试鼓励那些因世界的剧变和前景不明而感到痛苦的患者，我向他们解释了这种新的心理学，它是用来思考我们个人未来的好办法，一个与真实世界产生共鸣的未来。我在这里提出的五个办法可以帮助我们去更好地思考未来，并让我们的大脑更易于产生新的神经元，从而延长我们思维的“青春”。

· 渴望并尝试了解我们将会面临的风险，以及应对这些风险的办法。这么做不需要花钱，还能减轻我们的精神负担。
· 在任何情况下都不要失去对生活具有意义的憧憬。最糟糕的是再也不知道自己为什么会这么想、这么做。
· 借助过去面对困境和经历的事件中对我们有用的方法来尽可能具体地展望未来的模样。这需要我们避免重复犯下同样的错误，并提升我们过去成功突破生活束缚的经验的价值。
· 知道如何专注本质，避免让自己陷入对他人的依赖或混乱的思维方式和行为。尽可能让自己对周围发生的事情拥有控制感和效率感。为此，制定明确的目标并知道如何放慢脚步非常重要。
· 保持梦想的勇气，但要把自己的梦想投射到周围的世界中去，同时对自己的极限和环境的限制保持清醒的认识。

这五种可以通过新的心理学来养成的做法，构成了一种名副其实的支持。这些做法可以帮助我们与未来的世界产生共鸣，并为我们当下和可以预期的生活的问题提供答案。在本书中，我尝试通过具体的例子让每个人明白，今天这个向我们敞开怀抱的世界，比以往任何时候都令人焦虑但又充满机会。爱因斯坦曾写道："任何的困境中都藏着某种可能性。"[2]每个人都会以自己的方式在焦虑中等待事件的发生，对未来进行自我投射，并将目光转向可能发生或应该发生的事情上。每个人都可以在个人历史的动向中捕捉到某些事物，并以批判性的方式收集信息，以便掌握我们遗漏的事物。与世界达成和解的方法有好有坏，就像埃里克·勒·布歇（Éric Le Boucher）所写的："只要别把门槛设得太高，那么胜利就不会遥不可及：与未来世界的共鸣将会带来的生活方式的改变，只有通过公平和社会正义才会被人接受。"[3]

这本书想让每个人都知道，你不是唯一一个对未来感到焦虑的人，单独这一点就能让人安下心来。但这本书还想为每个人提供一些去使用"未来心理学"的方法，这些方法比备受推崇的库埃（Coué）方法更有效。单一的解决办法不再灵验，但昂首前进的渴望必会经得住考验。就让我们以那些为未来奋起而战的人为榜样，正是他们让我们看到，这个现代世界也比以往任何时候都更能让人想象无法想象之事，并努力实现自己的梦想。

年轻人和年龄更长的人往往表现出两种拒绝陷入绝望的态度：拒绝接受"门已关上"和坚持认为可以打开"新的大门"。他们想要告诉我们：梦想就像一种生活哲学，即使生活并不总是那么容易，但对我来说，实现自己的梦想仍然是治疗所有忧郁症的最佳良方。

我们何不从流行歌手那里获取些许灵感呢？他们歌曲的歌词似乎具有先见之明，比如让－雅克·高德曼（Jean-Jacques Goldman）的“我将走到梦想的尽头，直到梦想的尽头”。还有这句俗话：“你对生活微笑，生活也会对你报以微笑。”我们至少应该去尝试朝着这个方向前进。一个朋友曾对我说：“我担心得太过。”我笑着回答他：“别太期待能变成‘超强人类’，因为这不大可能。去梦想并行动起来吧！”

注释

1. J. 索罗奈勒、E.-E. 施密特，《悲观主义者有点懦弱》，同前引文章。

2. A. 爱因斯坦（A. Einstein），《我的世界观》（*Comment je vois le monde*），巴黎，弗拉马利翁出版社（Flammarion），“科学场”（Champs science）系列丛书，2009 年。

3. E. 勒·布歇，《专栏》，《回声报》，2018 年 10 月 26 日。

致谢

首先，我要感谢所有给予我信任的人，他们丰富了我的思想，也竭尽所能为我提供帮助。

这本书中的例子是由不同的故事经过重构和转化得来的结晶，因而以匿名的方式一一道来。

我还要特别感谢我所有的亲朋好友和所有在撰写本书的过程中为我提供宝贵意见的人。

我要衷心感谢奥迪尔·雅各布出版社，感谢他们的友情、始终如一的支持和编辑团队的所有成员，尤其要感谢卡洛琳娜·罗兰（Caroline Rolland）。